前言

土壤污染状况调查是《中华人民共和国土壤污染防治法》确立的土壤污染防治工作的一项基本制度，是土壤污染风险管控和修复的首要环节。土壤污染状况调查是针对农用地地块或者建设用地地块开展的，旨在查明该地块基本信息、污染物含量是否超过土壤污染风险管控标准、地下水是否受到污染等情况的活动。

土壤污染状况调查是管理的起点，保障调查质量对保障人居环境安全至关重要。《中华人民共和国土壤污染防治法》规定，受委托从事土壤污染状况调查等活动的单位对其出具的调查报告等的真实性、准确性、完整性负责。为帮助土壤污染状况调查从业单位和工作者提升调查工作水平，提高报告编制质量，我们组织行业内场地调查、水文地质、检测分析、管控修复等领域的资深专家，基于部分省市千余份土壤污染状况调查报告评审意见、生态环境部部长信箱答复，以及苏州工业园区等地实践经验，梳理出土壤污染状况调查中99个常见问题，有针对性地分析解答，并提供调查工作中一些技术工具信息（如仪器设备、专业软件、信息平台等），以供有关调查技术服务单位、专业技术人员及评审专家参考。

本书内容以调查报告大纲为主线，以问题为导向，采取模块化设计，围绕问题描述、解决思路、参考案例及法规标准依据等内容进行阐述，力求简单明了，突出可操作性。

因时间和水平有限，本书如有不妥和疏漏之处，敬请批评指正。

目 录

一 调查工作管理技术要求

主编◎王玉　杨伟　郭观林　颜增光

建设用地土壤污染状况调查99问

中国环境出版集团·北京

图书在版编目（CIP）数据

建设用地土壤污染状况调查99问 / 王玉等主编. --
北京：中国环境出版集团，2022.12

ISBN 978-7-5111-5375-3

Ⅰ.①建… Ⅱ.①王… Ⅲ.①非生产性建设用地—土壤污染—污染防治—问题解答 Ⅳ.①X53-44

中国版本图书馆CIP数据核字(2022)第243898号

出 版 人 武德凯
责任编辑 田 怡
装帧设计 光大印艺

出版发行 中国环境出版集团
（100062 北京市东城区广渠门内大街16号）
网　　址：http://www.cesp.com.cn
电子邮箱：bjgl@cesp.com.cn
联系电话：010-67112765（编辑管理部）
010-67175507（第六分社）
发行热线：010-67125803，010-67113405（传真）

印　　刷 玖龙（天津）印刷有限公司
经　　销 各地新华书店
版　　次 2022年12月第1版
印　　次 2022年12月第1次印刷
开　　本 787×960　1/16
印　　张 19
字　　数 251千字
定　　价 118.00元

编委会

二 资料收集等准备工作与污染识别

三 规划用途与评价标准

四 采样方案

五 分析检测方案

六 采样方法和程序

七 水文地质

八 检测结果分析评价

九 结论和建议

十 其他

一

调查工作管理技术要求

1

哪些情形须启动土壤污染状况调查？

《土壤污染防治行动计划》提出建立土壤环境调查评估制度，《中华人民共和国土壤污染防治法》（以下称《土壤法》）《工矿用地土壤环境管理办法（试行）》《污染地块土壤环境管理办法（试行）》等构建了基本的土壤环境调查评估制度体系。土壤污染状况调查是风险识别的前提。启动土壤污染状况调查要求如下：

（1）对土壤污染状况普查、详查和监测、现场检查表明有土壤污染风险的建设用地地块。

（2）变更土地用途，土地用途变更为住宅、公共管理与公共服务用地的情形。

（3）土壤污染重点监管单位生产经营用地用途发生变更前。

（4）土壤污染重点监管单位的土地使用权收回、转让前。

（5）发生突发事件可能造成土壤污染的。

（6）建设项目开展环境影响评价时。

（7）法律规定的其他应当开展土壤污染状况调查的情形。

2

启动土壤污染状况调查的责任主体有哪些?

启动土壤污染状况调查的责任主体包括三类：土壤污染责任人、土地使用权人、地方人民政府。

（1）土壤污染责任人负有实施土壤污染风险管控和修复的义务，是第一责任主体。（《土壤法》规定土壤污染风险管控和修复包括土壤污染状况调查和土壤污染风险评估、风险管控、修复、风险管控效果评估、修复效果评估、后期管理等活动。）

（2）土壤污染责任人无法认定的，法律规定土地使用权人应当实施土壤污染风险管控和修复。

（3）地方人民政府及其有关部门可以根据实际情况组织实施土壤污染风险管控和修复，包括以下几种情形：土地使用权已经被地方人民政府收回，土壤污染责任人为原土地使用权人的，由地方人民政府组织实施土壤污染风险管控和修复；土壤污染责任人和土地使用权人均无法认定的土壤污染风险管控和修复工作的启动；责任主体灭失的情形。

（4）对土壤污染状况普查、详查和监测、现场检查表明有土壤污染风险的建设用地地块，地方人民政府生态环境主管部门应当要求土地使用权人按照规定进行土壤污染状况调查。

（5）土壤污染重点监管单位生产经营用地的用途变更或者在其土地使用权收回、转让前，应当由土地使用权人按照规定进行土壤污染状况调查。

3

土壤污染状况调查管理流程要求有哪些？

《土壤法》对土壤污染状况调查工作涉及的单位选择、报告备案与评审提出了明确要求。

（1）选择专业单位。法律规定，从事土壤污染状况调查和土壤污染风险评估、风险管控、修复、风险管控效果评估、修复效果评估、后期管理等活动的单位，应当具备相应的专业能力。对于土壤污染责任人和土地使用权人而言，一般需要聘请第三方服务机构开展此项工作。目前对第三方服务机构无资质要求。

（2）调查报告备案要求。根据《土壤法》的规定，土壤污染状况调查报告应当报地方人民政府生态环境主管部门进行备案。

土壤污染重点监管单位生产经营用地的用途变更或者在其土地使用权收回、转让前，所形成的土壤污染状况调查报告除报地方人民政府生态环境主管部门备案外，还应当作为不动产登记资料送交地方人民政府不动产登记机构。

（3）调查报告评审要求。对土壤污染状况普查、详查和监测、现场检查表明有土壤污染风险的建设用地地块进行的土壤污染状况调查报告，土地用途变更为住宅、公共管理与公共服务用地的，变更前所做的土壤污染状况调查形成的调查报告，应报地方人民政府生态环境主管部门，并由地方人民政府生态环境主管部门会同自然资源主管部门组织评审。

具体参考条文依据详见“附录2序号1”。

4

土壤污染防治相关责任主体的法律责任有哪些？

土壤污染防治相关责任主体应履行的法律责任如下：

（1）未按照规定进行土壤污染状况调查的，行政处罚上实行“双罚制”，既处罚土壤污染责任人或者土地使用权人，也处罚直接负责的主管人员和其他直接责任人员。

（2）责令改正后，拒不改正的，除加大处罚力度外，生态环境主管部门有权委托他人代为履行，所需费用由土壤污染责任人或者土地使用权人承担。

（3）土地使用权人未按照规定将土壤污染状况调查报告报地方人民政府生态环境主管部门备案的，除由有关部门责令其改正外，同时处一万元以上五万元以下的罚款。

（4）受委托从事土壤污染状况调查的第三方机构，出具虚假调查报告、风险评估报告、风险管控效果评估报告、修复效果报告的，由地方人民政府生态环境主管部门处十万元以上五十万元以下的罚款；情节严重的，禁止从事上述业务，并处五十万元以上一百万元以下的罚款；有违法所得的，没收违法所得。同时，根据《污染地块土壤环境管理办法（试行）》的规定，第三方专业机构在编制土壤环境调查报告过程中，不负责任或者弄虚作假致使报告失实的，由县级以上环境保护主管部门将这家机构失信情况记入其环境信用记录，并通过企业信用信息公示系统向社会公开。

具体参考条文依据详见“附录2序号2”。

5

建设用地变更为住宅是否需要土壤污染状况调查？

《土壤法》第 59 条、第 67 条规定了应当启动土壤污染状况调查的情形，包括有土壤污染风险的建设用地，用途变更为住宅、公共管理与公共服务用地的建设用地，以及土壤污染重点监管单位生产经营用地的用途变更或者其土地使用权收回、转让前等情况。对于符合上述情况的建设用地，地方生态环境等主管部门应当督促土地使用权人等开展土壤污染状况调查。

此外，《关于贯彻落实土壤污染防治法　推动解决突出土壤污染问题的实施意见》（环办土壤〔2019〕47 号）中明确规定，住宅用地、公共管理与公共服务用地之间相互变更的，原则上不需要进行调查，但公共管理与公共服务用地中环卫设施、污水处理设施用地变更为住宅用地的除外。

如确定需开展土壤污染状况调查，应遵循分阶段调查的原则。根据《建设用地土壤污染状况调查技术导则》（HJ 25.1—2019）中的规定，土壤污染状况调查分阶段开展。其中，第一阶段土壤污染状况调查是以资料收集、现场踏勘和人员访谈为主的污染识别阶段，原则上可不进行现场采样分析。若第一阶段调查确认地块内及周围区域当前和历史上均无可能的污染源，则认为地块的环境状况可以接受，调查活动可以结束。

具体参考条文依据详见“附录 2 序号 3”。

6

农用地变更为一住两公，是否需要开展土壤污染状况调查？

农用地变更为住宅、公共管理与公共服务用地（简称为一住两公）的，应当开展土壤污染状况调查。根据《土壤法》以及《关于贯彻落实土壤污染防治法　推动解决突出土壤污染问题的实施意见》（环办土壤〔2019〕47号）的规定，用途变更为住宅、公共管理与公共服务用地的，变更前应当按照规定进行土壤污染状况调查。住宅用地、公共管理与公共服务用地之间相互变更的，原则上不需要进行调查，但公共管理与公共服务用地中环卫设施、污水处理设施用地变更为住宅用地的除外。

土壤污染状况调查遵循分阶段调查的原则。根据《建设用地土壤污染状况调查　技术导则》（HJ 25.1—2019）中的规定，土壤污染状况调查分阶段开展。其中，第一阶段土壤污染状况调查是以资料收集、现场踏勘和人员访谈为主的污染识别阶段，原则上可不进行现场采样分析。若第一阶段调查确认地块内及周围区域当前和历史上均无可能的污染源，则认为地块的环境状况可以接受，调查活动可以结束。

7

农用地和建设用地互转地块调查如何选取技术规范？

农用地和建设用地互转，土壤污染状况调查要根据变更后的土地规划用途开展。

（1）农用地转建设用地

农用地变为建设用地，应按照《建设用地土壤污染状况调查 技术导则》（HJ 25.1—2019）和《建设用地土壤污染风险管控和修复 监测技术导则》（HJ 25.2—2019）等有关要求开展调查。具体工作实施要坚持土壤污染状况调查分阶段开展的原则。在第一阶段调查应通过资料收集、现场踏勘和人员访谈做好污染识别工作。对农用地，经过第一阶段调查，有充分证据确认当前和历史上均不存在可能的污染源且未受到小作坊的影响，该区域可不再进行第二阶段调查，提高调查工作效率，避免过度调查。

（2）建设用地转农用地

建设用地变为农用地，则应根据农用地有关技术标准规范要求，如《土壤环境监测技术规范》（HJ/T 166—2004）、《土壤环境质量 农用地土壤污染风险管控标准（试行）》（GB 15618—2018）、《农用地土壤环境质量类别划分技术指南（试行）》等技术规范开展调查评估工作。

根据《土壤法》第 51 条、第 52 条有关规定，农用地土壤污染状况调查、风险评估等工作由地方人民政府农业农村、林业草原主管部门会同生态环境、自然资源主管部门组织开展。

8

复垦土地拟开垦为耕地，如何开展土壤污染状况调查？

对拟开垦为耕地的未利用地和复垦土地，土壤污染物不能超过农用地土壤污染风险管控标准，且不宜将工业企业用地，特别是重污染行业企业用地开垦为耕地。根据《土壤法》第 51 条的规定，未利用地、复垦土地等拟开垦为耕地的，应当开展土壤污染状况调查，具体要求应按照《土地复垦条例实施办法》和《补充耕地质量验收评定技术规范（试行）》等法规、标准执行。

土地复垦问题涉及自然资源、农业农村等部门。原则上，拟开垦为耕地的未利用地和复垦土地土壤污染物不能超过农用地土壤污染风险管控标准。考虑到农用地土壤污染风险管控标准中有 8 种污染物风险筛选值，而工业企业用地土壤污染物类型可能超出上述 8 种污染物的范围，原则上不鼓励工业企业用地，特别是重污染行业企业用地，开垦为耕地。

具体参考条文依据详见“附录 2 序号 4”。

9

什么情况需要补充开展土壤污染状况调查？

（1）根据《建设用地土壤环境调查评估技术指南》要求，详细调查不能为风险评估、风险管控或者治理与修复等提供支撑的，应当补充调查、收集更多信息。

（2）根据《建设用地土壤污染状况调查、风险评估、风险管控及修复效果评估报告评审指南》要求，土壤污染状况调查报告通过评审后，发现存在未查明的污染（包括污染物或者污染区域），组织评审部门可要求补充开展污染状况调查并重新评审。如风险评估报告评审通过后，采取风险管控措施或者编制修复方案时，变更风险评估报告中确定的相关风险管控、修复目标的，变更规划用途的，以及土壤污染状况调查报告重新评审的，申请人应当重新申请对风险评估报告进行评审。根据有关结果开展风险管控和修复工作及后续效果评估工作。

10

土壤污染状况调查结果有效期有多久？

调查结果有效期与地块有关污染源的清除情况、污染物迁移、地块扰动、污染物环境行为及管理技术标准更新与否有关。

（1）如果地块相关污染源均被清除，地块内无迁移性强的污染物，地块无大规模扰动的情况下，土壤中的污染物一般会随时间发生自然衰减，调查结果一般可在两三年后继续使用。

（2）如果调查后地块发生较大扰动，如建筑拆除、开挖、邻近区域工程降水等对地块内污染分布存在较大影响时，则应开展相关调查，进一步明确污染分布现状。

（3）如地块调查工作相关法规标准要求有更新，要按照最新要求补充工作。

（4)如果在调查结束后至土地开发利用前，存在影响调查结论的情形，建议开展调查。

总之，土壤污染状况调查结果是否有效，要根据是否满足工作目的判断。土壤污染状况调查是查明地块基本信息、污染物含量是否超过土壤污染风险管控标准、地下水是否受到污染等情况的活动。如果上述内容没有查清，或者发生了较大变化，对调查结论产生了影响，建议补充开展有关土壤污染状况调查工作。

11

公开的调查报告需包括哪些内容？需注意什么？

根据《土壤法》第 36 条，土壤污染状况调查报告应当主要包括地块基本信息、污染物含量是否超过土壤污染风险管控标准等内容。污染物含量超过土壤污染风险管控标准的，土壤污染状况调查报告还应当包括污染类型、污染来源以及地下水是否受到污染等内容。

根据《污染地块土壤环境管理办法（试行）》，关于初步调查（第 13 条），对列入疑似污染地块名单的地块，土地使用权人应当自接到书面通知之日起 6 个月内完成土壤环境初步调查，将调查报告主要内容通过其网站等便于公众知晓的方式向社会公开，调查报告应当包括地块基本信息、疑似污染地块是否为污染地块的明确结论等主要内容，并附具采样信息和检测报告。关于详细调查（第 16 条），对列入污染地块名录的地块，土地使用权人应当将调查报告主要内容通过其网站等便于公众知晓的方式向社会公开，土壤环境详细调查报告应当包括地块基本信息，土壤污染物的分布状况及其范围，以及对土壤、地表水、地下水、空气污染的影响情况等主要内容，并附具采样信息和检测报告。

根据《工矿用地土壤环境管理办法（试行）》，关于现状调查报告（第 7 条），土壤污染重点监管单位新、改、扩建项目在开展建设项目环境影响评价时，应当按照国家有关技术规范开展工矿用地土壤和地下水环境现状调查，将调查报告主要内容通过其网站等便于公众知晓的方式向社会公开。

关于现状调查报告（第 20 条），土壤和地下水环境现状调查，指对重点单位新、改、扩建项目用地的土壤和地下水环境质量进行的调查评估，其主要调查内容包括土壤和地下水中主要污染物的含量等。

关于初步调查报告（第 16 条），土壤污染重点监管单位终止生产经营活动前，应当参照污染地块土壤环境管理有关规定，开展土壤和地下水环境初步调查，将调查报告主要内容通过其网站等便于公众知晓的方式向社会公开。

12

建设用地土壤污染状况调查质量控制的工作流程是怎样的?

建设用地土壤污染状况调查质量控制的工作流程如图 12–1 所示。

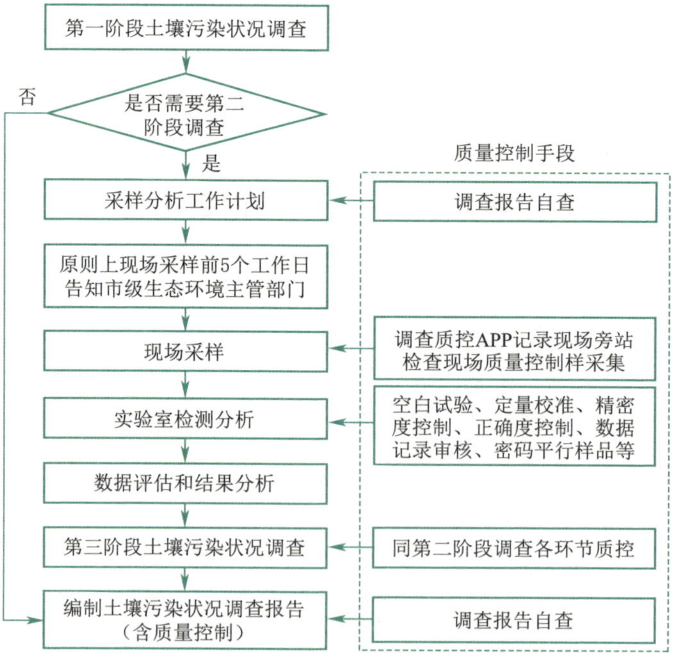

图 12–1　建设用地土壤污染状况调查质量控制工作流程

13

土壤污染重点监管单位退场前应如何设计土壤污染状况调查？

土壤污染重点监管单位退场前开展调查工作常出现的问题：

（1）开展调查时企业生产设施尚未拆除甚至生产经营活动尚未完全终止，限制了调查阶段土壤地下水监测采样布点，部分潜在土壤地下水污染源处缺少钻探取样条件，生产经营活动及后续生产设施拆除活动可能产生新的污染问题。

（2）开展调查时企业生产设施已全部拆除，难以找到熟悉企业生产经营活动的人员，相关可参考文件材料不足，无法全面识别潜在污染源，土壤地下水监测采样布点的依据不充分。

为降低调查结果的不确定性，建议按时间节点分阶段开展调查工作：

（1）提前进场。在单位即将终止生产经营活动或者生产活动已经停止，且生产设施尚未拆除前进场开展第一阶段土壤污染状况调查工作。及时收集审阅企业的相关文件资料；访谈熟悉情况的人员；开展现场踏勘，摸清生产布局等信息，开展地块潜在土壤地下水污染源识别，确定潜在污染因子，为调查布点打好基础。

（2）摸底采样。在开展上述第一阶段土壤污染状况调查工作的同时，可选择潜在污染区域开展土壤地下水摸底采样，先期了解企业可能存在的污染，指导后续布点采样。规范生产设施拆除活动，避免损害施工人员健康及出现污染土壤大规模扰动问题。

（3）全面调查。在单位生产经营活动全面终止，生产设施全部拆除或者至少涉及有毒有害物质的设备、管道、原辅材料与产品、废水、固体废物等已经全部拆除并得到清理后，开展第二阶段土壤污染状况调查工作。重点结合后期生产经营及设施拆除活动，根据地块现状进行场地概念模型更新，制定并实施采样监测方案，得到相对全面的调查结果。

具体参考条文依据详见“附录2序号5”。

Ⅲ　案例

对于纳入年度储备、出让、收回、续期、划拨的建设用地，特别是需要尽快完成上述流转手续的重点工业企业地块，苏州工业园区生态环境局在管理上要求调查任务委托方在企业尚在产阶段就提前启动土壤污染状况调查工作，而非在企业停产、拆除、清理后再启动土壤污染状况调查程序，有利于提前了解待流转地块的土壤地下水环境质量初步状况，为后期全面完整的土壤污染状况调查工作及可能涉及的风险评估、风险管控和修复等工作打好基础。该案例对于区域统筹土地开发建设工作，土地管理部门确保土地流转时效性及相关部门划分土壤污染责任均具有指导作用。

针对拟退场地块土壤污染状况调查，一般包括三个步骤，即第一阶段调查、摸底调查与补充调查。

第一阶段调查即第一阶段土壤污染状况调查，主要参考HJ 25.1—2019，包括资料收集、现场踏勘和人员访谈。与停产历史较为久远、管理不够规范或档案已经丢失的地块不同，此时企业尚在产，开展第一阶段调查具有用地历史易追溯、用地现状易掌握、档案资料易查找、典型受访人员易获取等优势。

摸底调查以第一阶段调查为基础，综合不影响企业正常生产、保证施工安全与最大限度捕捉潜在土壤地下水污染等因素开展。主要参考HJ 25.2—2019开展布点采样工作，布点位置以尽可能靠近重点关注生产区域（如生产车间），储存区域（如化学品仓库、地下/半地下油品储罐），生产性废水产生收集与处理区域，危险废物储存处理或处置区域，地下管线（如原辅材料输送管线、污水输送管线）等重点设施或重点区域及上述区域地下水流向下游为宜。

补充调查为地块调查收尾阶段，启动的前提为调查红线范围内涉及有毒有害物质的生产原辅材料与产品、生产废水、危险废物等均清除出场，残留的设施设备不影响土壤地下水采样布点。调查单位需要更新第一阶段调查结果，分析企业后续生产、地块清理、拆除过程可能引入的潜在污染风险或导致的污染迁移情况，制定有针对性的补充采样监测方案。主要参考HJ 25.2—2019，布点位置需要覆盖第一阶段调查、摸底调查与补充调查期间识别出的全部潜在污染源，特别是摸底调查期间受客观条件限制未能布点采样的区域以及后续生产设施拆除活动可能产生新的潜在污染区域。

14

土壤污染状况调查报告摘要应包括哪些内容?

为规范土壤污染状况调查报告摘要编制，根据不同的调查阶段，参考有关地方管理经验，提出不需开展详细调查的地块、要开展详细调查的地块土壤污染状况调查报告摘要涉及的主要内容。

（1）适用于不需开展详细调查的地块

①基本情况

地块名称、占地面积、地理位置、土地使用权人、地块土地利用现状、未来规划、土壤污染状况初步调查单位。

调查缘由：按以下四种情形选择符合的作表述，需具体化。如从事过电镀行业的企业用地，拟收回土地使用权。

> 一是经土壤污染状况普查、详查和监测、现场检查表明有土壤污染风险的地块。
>
> 二是用途变更为住宅、公共管理与公共服务用地的，变更前应当按照规定进行土壤污染状况调查的地块。

三是土壤污染重点监管单位生产经营用地的用途变更或土地使用权收回、转让的地块。

四是从事过有色金属矿采选、金属冶炼、石油加工、化工、焦化、电镀、制革、造纸、印染、汽车拆解、造船、医药制造、铅酸蓄电池制造、废旧电子拆解和危险化学品生产、储存、使用等行业企业用地，从事过危险废物贮存、利用、处置活动的用地，火力发电、燃气生产和供应、垃圾填埋场、垃圾焚烧场、市政及工业园区污水处理厂和污泥处理处置等用地，其用途变更或土地使用权收回、转让的地块。

②第一阶段调查

工作开展时间为 ××。根据调查情况，地块此前为 ××（简要概括地块土地利用历史沿革，及各使用阶段的涉污生产工艺）。根据相邻地块土地利用历史沿革，××（简要概括相邻地块土地利用历史沿革）。

a. 根据污染识别结果，调查地块在各个历史使用阶段内，××（历史上是否涉及工矿用途、规模化养殖、有毒有害物质储存与输送。历史上是否涉及环境污染事故、危险废物堆放、固废堆放与倾倒、固废填埋等。历史上是否涉及工业废水污染。历史监测数据是否表明有污染。历史上是否存在其他可能造成土壤污染的情形。是否存在被污染迹象。是否存在来自周边污染源的污染风险）。因此，调查地块在当前和历史上均无潜在的污染源，周边环境引起调查地块土壤污染的可能性很小，对调查地块（拟规划用途）进行开发建设的人体健康风险可接受。

b. 根据污染识别结果，调查地块内重点关注区域为 ××，需关注的污染物包括 ××。

（以上内容根据调查情况二选一）

③初步采样调查

第二阶段土壤污染状况调查初步采样时间为 ××，共布设土壤监测点位 ×× 个，采样深度为 ××，共采集土壤样品 ×× 组，检测项目包括 ××；共布设地下水监测井 ×× 口，井深为 ××，采集地下水样品 ×× 组，检测项目包括 ××。

样品检测结果分析

（1）地块内土壤样品中：所有检出项目均未超过相应的土壤污染风险筛选值。

（2）地块内地下水样品中：

◎所有检出项目均未超过相应的地下水污染风险筛选值；

◎出现超筛选值的项目包括 ××，最大超筛选值倍数分别为 ××，经风险分析，由于 ××，××（超筛选值指标）对人体健康风险可接受，不需要开展详细调查。

（该部分内容根据超筛选值情况二选一）

④初步调查结论

a. 调查地块土壤样品和地下水样品无超筛选值情况，调查活动可以结束，调查地块作为 ××（拟规划用途，如有多种需全部列出，并注明为第一类或第二类用地）进行开发建设的人体健康风险可接受。（拟规划用途涉及第二类用地的，需明确是否存在超第一类用地筛选值而不修复的土壤，如存在，应明确超筛选值的污染物名称、超筛倍数、超筛点位和超筛样品深度。）

b. 调查地块土壤样品无超筛选值情况，地下水样品超筛选值的 ××（重金属、氰化物等）经风险分析对人体健康风险可接受，无需进行修复，调查活动可以结束。因此，调查

地块作为 ×× （拟规划用途）进行开发建设的人体健康风险可接受。

（以上内容根据超筛选值情况二选一）

图件索引：地理位置图（见 ×× 小节第 ×× 页）；重点关注区域分布图（见 ×× 小节第 ×× 页）；采样布点图（见 ×× 小节第 ×× 页）。

（2）适用于要开展详细调查的地块

①基本情况

地块名称、占地面积、地理位置、土地使用权人、地块土地利用现状、未来规划、土壤污染状况调查单位。

调查缘由：按以下四种情形选择符合的作表述，需具体化。如从事过电镀行业的企业用地，拟收回土地使用权。

一是经土壤污染状况普查、详查和监测、现场检查表明有土壤污染风险的地块。

二是用途变更为住宅、公共管理与公共服务用地的，变更前应当按照规定进行土壤污染状况调查的地块。

三是土壤污染重点监管单位生产经营用地的用途变更或土地使用权收回、转让的地块。

四是从事过有色金属矿采选、金属冶炼、石油加工、化工、焦化、电镀、制革、造纸、印染、汽车拆解、造船、医药制造、铅酸蓄电池制造、废旧电子拆解和危险化学品生产、储存、使用等行业企业用地，从事过危险废物贮存、利用、处置活动的用地，火力发电、燃气生产和供应、垃圾填埋场、垃圾焚烧场、市政及工业园区污水处理厂和污泥处理处置等用地，其用途变更或土地使用权收回、转让的地块。

②第一阶段调查

第一阶段调查工作开展时间为 ××。根据调查情况，地块此前为 ××（简要概括地块土地利用历史沿革，及各使用阶段的涉污生产工艺）。根据相邻地块土地利用历史沿革，××（简要概括相邻地块土地利用历史沿革）。

根据污染识别结果，调查地块内重点关注区域为 ××，需关注的污染物包括 ××。

③初步采样调查

第二阶段土壤污染状况调查初步采样时间为 ××，共布设土壤监测点位 ×× 个，采样深度为 ××，共采集土壤样品 ×× 组，检测项目包括 ××；共布设地下水监测井 ×× 口，井深为 ××，采集地下水样品 ×× 组，检测项目包括 ××。

样品检测结果分析

（1）地块内土壤样品中：×× 点位存在出现超筛选值的情况，超筛选值的项目包括 ××，最大超筛选值倍数分别为 ××，超筛选值样品最大采样深度分别为 ××。

（2）地块内地下水样品中：出现超筛选值的项目包括 ××，最大超筛选值倍数分别为 ××。

④详细采样调查

土壤污染状况调查详细采样时间为 ××，共布设土壤监测点位 ×× 个，采样深度为 ××，采集土壤样品 ×× 组，检测项目为 ××；详细调查期间共布设地下水监测井 ×× 个，采集地下水样品 ×× 组，检测项目为 ××。（若有补充调查：第一次补充采样调查共布设土壤监测点

位 × × 个，采样深度为 × ×，采集土壤样品 × × 组，检测项目为 × ×；第二次补充采样调查共布设土壤监测点位 × × 个，采样深度为 × ×，采集土壤样品 × × 组，检测项目为 × ×。）

根据样品检测分析结果，详细采样阶段 × × 个监测点位 × × 个，土壤样品中的 × ×（指标）超筛选值，超筛选值倍数范围为 × ×，超筛选值样品最大采样深度为 × ×。

⑤调查结论

本次土壤污染环境详细调查完成后，调查地块需根据地块未来规划开展风险评估，关注污染物为超筛选值污染物，包括 × ×（土壤关注污染物、地下水关注污染物）。

图件索引：地理位置图（见 × × 小节第 × × 页）；重点关注区域分布图（见 × × 小节第 × × 页）；超标点位分布图（见 × × 小节第 × × 页）。

二

资料收集等准备工作与污染识别

15

编制依据容易出现哪些问题？

对编制依据重视不够，往往是“复制—粘贴”，千篇一律，常见错误如下：

（1）引用已经废止文件

根据《国务院办公厅关于做好行政法规部门规章和文件清理工作有关事项的通知》（国办函〔2016〕12号），各部委对部门规章和规范性文件进行审议，及时废止有关文件。涉及土壤污染状况调查方面的部分已废止文件如下：

《国家土壤环境质量例行监测工作实施方案》（环办〔2014〕89号）；《关于加强土壤污染防治工作的意见》（环发〔2008〕48号）；《关于切实做好企业搬迁过程中环境污染防治工作的通知》（环办〔2004〕47号）；《农用地污染土壤修复项目管理指南（试行）》（环办〔2014〕93号）；《土壤环境质量标准》（GB 15618—1995）；《矿山生态环境保护与恢复

治理方案编制导则》(环办〔2012〕154号);《土壤 总铬的测定 火焰原子吸收分光光度法》(HJ 491—2009);《土壤质量 铜、锌的测定 火焰原子吸收分光光度法》(GB/T 17138—1997);《土壤质量 镍的测定 火焰原子吸收分光光度法》(GB/T 17139—1997),以上这些文件在相应的环境质量标准和污染物排放(控制)标准实施中停止执行。

(2)编制依据不全

编制依据全面性可以佐证调查工作的科学性,应包括法律法规、技术规范和其他有关文件。

缺少筛选值选择标准。《土壤环境质量 建设用地土壤污染风险管控标准(试行)》(GB 36600—2018)中未明确的污染物指标。

缺少地方针对性要求。开展调查工作要关注所在区域特有规定与要求,特别是涉及筛选值、管控值之类的文件。若某些地方发布了筛选值,作为国家标准的补充与完善,在调查过程中须加以考虑。

如深圳市发布的《建设用地土壤污染风险筛选值和管制值》(DB4403/T 67—2020)根据深圳市电镀、线路板、塑胶等典型行业特征新增了铬、锌等66项污染物的筛选值和管制值,填补了国家标准中部分污染物指标的空白;江西省发布的《建设用地土壤污染风险管控标准(试行)》(DB36/ 1282—2020)新增了砷、铬等47项污染物的筛选值。

(3)罗列无关条目

某些编制依据中罗列与土壤污染状况调查项目无关的文件,如在不涉及大气污染防治的项目中引用《中华人民共和国大气污染防治法》。

（4）引用文件名称标准号错误

引用文件名称不准确，不完整，出现文件名称错误。如《污染场地土壤环境管理暂行办法》《污染地块土壤环境管理暂行办法》应为《污染地块土壤环境管理办法（试行）》。

（5）引用标准表述不规范

以《土壤环境质量 建设用地土壤污染风险管控标准（试行）》（GB 36600—2018）为例，标准书写时既要包括标准名称《土壤环境质量建设用地土壤污染风险管控标准（试行）》，也要包括标准号 GB 36600—2018，标准名称放在书名号中，标准号单独放在括号内；标准号中“—”后面表示的标准实施的年份，需要根据标准的更新而更新。

总之，要重视编制依据。要做到“真、准、全”，选用最新政策法规标准规范，突出项目特点文件，分类罗列，文件名称要准确，有关文件要列全，无关文件删除。

16

场地资料收集不足怎么办？

资料收集是掌握场地历史和现状信息的重要来源之一，调查人员应充分认识资料收集与整理分析对污染识别和后期调查采样的重要性。现有的标准技术规范中关于资料收集方面的规定主要集中在 HJ 25.1—2019 中。在 2014 年环境保护部颁布的《工业企业场地环境调查评估与修复工作指南（试行）》中也有关于资料收集方面的描述。

在实际调查过程中，场地收集资料存在不少问题和难点。不少中小型地块存在停产历史较为久远、管理不够规范以及档案丢失等问题，导致地块在污染调查阶段较难收集到充分、有效的资料信息。切实做好资料收集工作，提高工作效率，可参考如下方法：

分级梳理资料，明确不同潜在来源；
扩大收集范围，分段递进获取信息；
借鉴类似资料，提取有效参考信息；
加强人员访谈，多种来源综合分析。

具体而言：

（1）分级梳理资料，明确不同潜在来源

地块资料按不同尺度可分三个层级：区域自然环境资料、区域社会环境资料和地块环境信息资料。

①区域自然环境资料指地块所在区域大尺度自然环境概况，如地理位置、地形地貌、气象、水文、地质、土壤等。区域自然环境信息是辅助判断地块环境现状及污染迁移转化的重要参考。例如，地处喀斯特区域地块，污染物在地下的迁移和赋存特征明显。

②区域社会环境资料指地块及其所在街道、县市区等基本行政单元的社会环境资料，如经济发展、土地利用规划、人口密度和分布、潜在敏感目标等，此类信息与受体暴露情况分析密切相关，直接关系到风险评估、风险管控技术选择。

③地块环境信息资料指地块内及周边紧邻区域的各种环境信息，如所在地块水文地质资料、历史沿革、生产工艺、原辅材料、平面布置、历史环境监测数据等，是污染识别的重要基础，是信息收集工作中最重要的内容。

各类资料信息来源。区域层级资料一般为公开信息，可通过网络、图书、文献等方式获取；地块层级的资料来源包括企业或政府主管部门。表16-1为资料收集清单。在资料收集过程中，首先应梳理预收集的资料信息，然后有针对性地开展收集工作。注意同一层级内信息来源的多样性，如企业历史环境影响评价报告既可从企业档案管理部门获取，也可通过政府生态环境主管部门获取。

（2）扩大收集范围，分段递进获取信息

资料收集应尽可能多渠道进行。如区域水文地质资料，可从图书文献

中获取，也可查阅网络信息（地质云，https://geocloud.cgs.gov.cn/），还可从地质勘查单位获取。推荐使用调查地块或其周边地块建设项目的勘查报告。高精度卫星遥感影像是确认地块历史沿革的重要资料，辅助判断地块使用历史。作为补充，可借助国家企业信用信息公示系统等平台查询有关企业营业证书、注册时间及位置信息。

表 16-1　一般资料收集清单

资料类别	区域自然环境资料	区域社会环境资料	地块环境信息资料
资料明细	地理位置、地形地貌、气象、水文、地质、土壤质地、水源保护区位置关系	土地利用规划、人口密度和分布、周边土地利用情况、周边潜在敏感目标及分布、地方性法律法规、经济发展	地块水文地质资料、历史沿革、生产工艺、原辅材料、平面布置、管线分布、事故记录、历史环境监测数据、环境管理文件（环境影响评价报告、清洁生产分析报告、环境违法处罚记录等短期环境信息；年度排污申报登记表、定期环境监测报告等长期环境信息）
潜在来源	图书馆、档案馆、政府单位、网络、年鉴等	图书馆、档案馆、政府单位、网络、年鉴等	企业主管部门、企业档案室、环保主管机关等

资料收集要注意整理分析，持续优化收集方法，分阶段递进，逐步聚焦收集范围，有针对性地获取资料信息。首先可制定初步的资料收集清单，收集地块内工业企业历史沿革情况，再针对每一段生产情况分别细化资料收集计划。如确定地块经历过两次较大的历史变革，识别对应的使用人、产品及生产工艺的异同，然后设计并细化两段生产历史的资料收集方案，获取各阶段产品、生产工艺、原辅材料、平面布局、污染物排放情况等信息。

（3）借鉴类似资料，提取有效参考信息

由于调查对象经营管理不善、生产变化较频繁等，造成资料收集较为困难。可根据其生产产品和工艺的实际情况，借鉴类似工业生产情况，初步确定原辅材料、生产工艺、潜在特征污染物及大致分布，结合历史卫星图像等公开资料，梳理提取地块污染信息。在人员访谈、现场踏勘等环节，作为基本参考资料，进行核实和验证工作。

（4）加强人员访谈，多种来源综合分析

人员访谈是获取地块历史信息最主要、最常用、最有效的手段，有助于取得并确认地块使用情形及评价有关资料所列事实，应提前设计有针对性的问题。访谈可采用当面访谈、电话访谈或书信访谈等方式进行。对不同人员进行访谈，可获取更加详细、准确的信息。受访者至少应该包括：

①地块管理者和地方政府有关管理者；

②生态环境部门工作人员；

③地块历史及现在所有者和使用者，地块主要管理和操作人员，熟知地块使用情况和设施分布运行者作为重要的受访者，并应在现场踏勘时安排面对面交流；

④地块所在地或熟悉当地情况的第三方（如邻近地块的工作人员、曾经的员工和居民）。

Ⅲ　案例

某煤气调压站场地通过历史卫星影像，识别场地潜在重点区域，并且辅助进行分段递进信息获取。2010 年开始调查

该场地时，部分原有构筑物已经拆除完毕并且进行了场地平整。场地生产历史较久，停产时间较长，且在停产后经过了土地划拨转权，土地使用权人变更，有效资料难以直接获取。通过人员访谈了解场地存在3个大型储气罐，直径大约在60 m。储气罐定期清理，煤气冷凝物等残留液体和固体可能会通过固定的卸料口排出。卸料口区域是最有可能造成土壤污染的重点区域，但储气罐的具体位置和卸料口区域具体位置不清。另外，煤气入罐前的脱硫工艺需要用到含重金属的脱硫催化剂，该工艺操作区域也是潜在重点区域。

通过收集历史卫星影像资料，2010年储气罐拆除完毕（图16-1）；2009年的卫星图片可识别其底座及卸料口位置（图16-2）。调查人员通过有关卫星图片及与现场人员交流，识别污染源位置与可能的污染范围。某煤气调压站原生产工艺微缩示意如图16-3所示。

图 16-1　2010 年储气罐拆除

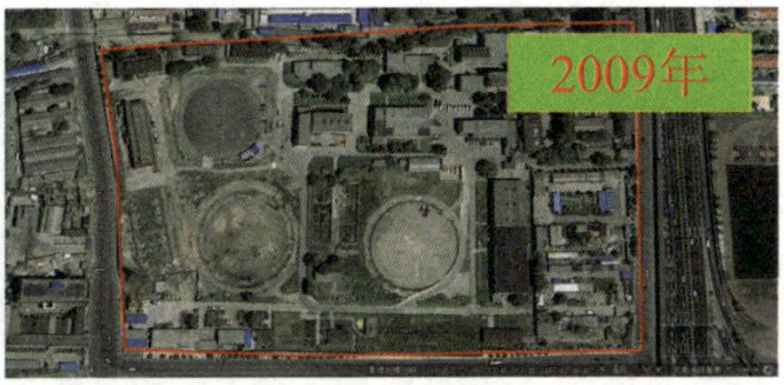

图 16-2　某煤气调压站历史卫星影像对比情况

图 16-3　某煤气调压站原生产工艺微缩

17

如何对收集到的信息进行整理？

场地收集到的信息一方面面临资料信息来源多、信息量大、信息可靠性有待识别等问题；另一方面存在资料缺失，影响场地调查工作的顺利开展。信息筛查、梳理和分析对于开展污染识别、确定评价标准以及制定采样计划方案十分重要。建议从以下内容入手：

（1）信息梳理

通过对资料分类整理，可以获取不同的污染识别关键内容，从而辅助判断重点污染区域、潜在特征污染物及其变化情况。

（2）信息筛查与判断

应由经验丰富的专业人士对资料的合理性和有效性进行判断，消除初始收集到的场地资料中可能存在的误导性信息。例如，场地所在区域地下水总体流向和场地实际流向可能不一致，会导致评价人员作出误判。

另外，可结合现场踏勘和人员访谈，筛选判断收集到的各类信息。

如有必要，可以在现场踏勘和人员访谈过程中，设置有针对性的调查问卷或问题，以确保判断分析的有效性和准确性。例如，很多历史生产工艺、原辅材料、平面布局等都来自企业原有的环境影响评价报告文件等预测性文件，而实际企业的建设存在较大变更，需借助现场踏勘和人员访谈等方式更正有关信息。

（3）不确定性分析

对于资料缺失严重的情况，须评估对场地调查或污染调查计划的影响，分析其可能产生的不确定性分析，采取应对措施。如资料缺失较为严重，需有针对性地调整布点采样方案。例如，某地块历史上有小化工或农药的生产，但缺失原生产平面布置等关键资料信息，后期布点采样时可能需要考虑加密布点，减少不确定性的影响。

具体参考条文依据详见“附录 2 序号 16”。

18

为什么要收集周边污染源信息？涉及范围应该多大？

调查周边区域有两个目的：一是识别本地块周边是否有敏感目标，以及本地块的污染是否可能对周边敏感目标产生环境污染风险；二是识别地块周边是否存在其他污染源，以及污染源是否有可能通过大气沉降、地表径流、地下水迁移等途径对本地块产生污染风险。

周边污染源调查范围，首先要考虑污染源类型及潜在暴露途径，根据可能的传输距离，确定具体的调查范围。有关导则或指南文本指出，关注周边污染源对调查地块的影响十分重要，需要纳入资料收集和现场踏勘等污染识别工作，但由于地块实际情况差异较大，各指南均未明确给出周边调查的具体范围。

一般情况下，调查重点区域为与地块直接接壤的相邻地块，识别这类区域内是否有污染源。临近或周边区域地块内的污染源，如果缺乏直接的物理连接区域，传输距离较大，风险相对较低。因此，首先要初步筛查周边污染源，识别地块相邻区域内是否存在污染源，再确定周边区域是否有大气污染排放源（如冶炼设施、大型烟囱等）、地下水污染源（如大型地下储油罐、垃圾填埋场等）。

具体范围要根据地块地形地貌和周边潜在污染源类型确定。一般地势较为平坦区域，大气传输距离较远。我国工业企业卫生防护距离标准的限值统计表明，大部分影响距离在 1 000 m 范围内，具体参见表 18-1。另外，根据典型企业特征大气污染物卫生防护距离实际预测计算情况来看，大气沉降的有效影响距离也有限。例如，垃圾焚烧发电厂的卫生防护距离设置与厂内臭气的密闭处理措施密切相关，在采取较完善及有效的密闭处理措施后，其卫生防护距离计算结果一般低于 300 m。一般情况下，周边距离控制在 1 000 m 基本上可以覆盖影响范围。

某些大型冶炼厂、矿业采选厂等复杂污染源，其污染物排放方式和迁移方式相对复杂。地形地貌、地表径流等区域环境也对污染扩散影响范围产生显著影响。例如，某些冶炼厂中铅、镉等特征污染物可影响到 12 km 以外的土壤。因此，对于某些特殊区域，周边污染源调查范围应根据实际情况综合确定。

表 18-1　防护距离统计

标准号	标准名称	生产规模 / 种类	风速 <2 m/s	风速 2~4 m/s	风速 >4 m/s
GB 8195—2011	石油加工业卫生防护距离	≤ 8 000 kt/a	900	800	700
		> 8 000 kt/a	1 200	1 000	900
GB 11654.1—2012	造纸及纸制品业卫生防护距离　第 1 部分：纸浆制造业	< 300 kt/a	800	600	500
		≥ 300 kt/a	900	800	600
GB 11655.1—2012	合成材料制造业卫生防护距离　第 1 部分：聚氯乙烯制造业	< 300 kt/a[a]	1 200	1 000	800
		≥ 300kt/a[a]	1 000	800	600
		电石乙炔法	1 400	1 200	1 000
GB 11655.6—2012	合成材料制造业卫生防护距离　第 6 部分：氯丁橡胶制造业		1 800	1 600	1 400

续表

标准号	标准名称	生产规模 / 种类	风速 <2 m/s	风速 2~4 m/s	风速 >4 m/s
GB/T 11657—1989	铜冶炼厂（密闭鼓风炉型）卫生防护距离标准		1 000	8 000	600
GB/T 11659—1989	铅蓄电池厂卫生防护距离标准	<100 000 kVA	600	400	300
		≥100 000 kVA	800	500	400
GB/T 11660—1989	炼铁厂卫生防护距离标准		1 400	1 200	1 000
GB/T 11661—2012	炼焦业卫生防护距离	<1 000 kt/a	900	800	700
		1 000~3 000 kt/a	1 000	900	800
		≥3 000 kt/a	1 200	1 000	900
GB/T 11662—2012	烧结业卫生防护距离		700	600	500
GB/T 11666.1—2012	肥料制造业卫生防护距离 第 1 部分：氮肥制造业	<300 kt/a	900	600	500
		≥300 kt/a	1 200	800	600
GB/T 11666.2—2012	肥料制造业卫生防护距离 第 2 部分：磷肥制造业	<200 kt/a[b]	800	700	600
		≥200 kt/a[b]	900	800	700
		<200 kt/a[c]	600	500	400
		≥200 kt/a[c]	800	700	600
GB/T 18068.1—2012	非金属矿物制品业卫生防护距离 第 1 部分：水泥制造业	<5 kt/a	400	300	200
		≥5 kt/a	500	400	300

续表

标准号	标准名称	生产规模 / 种类	风速 <2 m/s	风速 2~4 m/s	风速 >4 m/s
GB/T 18068.2—2012	非金属矿物制品业卫生防护距离 第 2 部分：石灰制造业	<200 kt/a	400	300	200
		≥200 kt/a	500	400	300
GB/T 18068.3—2012	非金属矿物制品业卫生防护距离 第 3 部分：石棉制品业	<1 kt/a	400	300	200
		≥1 kt/a	500	400	300
GB/T 18068.4—2012	非金属矿物制品业卫生防护距离 第 4 部分：石墨碳素制品业	<30 kt/a	800	700	600
		≥30 kt/a	1 000	800	700
GB/T 18070—2000	油漆厂卫生防护距离标准		700	600	500
GB/T 18071.1—2012	基础化学原料制造业卫生防护距离 第 1 部分：烧碱制造业	<300 kt/a	900	700	600
		≥300 kt/a	1 200	1 000	900
GB/T 18071.3—2012	基础化学原料制造业卫生防护距离 第 3 部分：硫酸制造业	<500 kt/a	400	300	200
		≥500 kt/a	500	400	300
GB/T 18071.6—2012	基础化学原料制造业卫生防护距离 第 6 部分：硫化碱制造业	<500 kt/a	1 000	900	800
		≥500 kt/a	1 200	1 000	900
GB/T 18071.7—2012	基础化学原料制造业卫生防护距离 第 7 部分：黄磷制造业	<50 kt/a	900	800	700
		≥50 kt/a	1 200	1 000	900

续表

标准号	标准名称	生产规模 / 种类	风速 <2 m/s	风速 2~4 m/s	风速 >4 m/s
GB/T 18071.8—2012	基础化学原料制造业卫生防护距离 第 8 部分：氢氟酸制造业	<20 kt/a	200	200	100
		≥20 kt/a	300	200	200
GB/T 18072—2000	塑料厂卫生防护距离标准	<1 kt/a	100	100	100
GB/T 18074—2000	内燃机厂卫生防护距离标准	—	400	300	200
GB/T 18075.1—2012	交通运输设备制造业卫生防护距离 第 1 部分：汽车制造业	<1 万辆 /a	300	200	100
		1~10 万辆 /a	400	300	200
		>10 万辆 /a	500	400	300
GB/T 18078.1—2012	农副食品加工业卫生防护距离 第 1 部分：屠宰及肉类加工业	畜类	400~700	300~500	200~400
		禽类	500~700	300~500	300~500
GB/T 18079—2012	动物胶制造业卫生防护距离	<5 kt/a	300	200	200
		≥5 kt/a	400	300	200
GB/T 18080.1—2012	纺织业卫生防护距离 第 1 部分：棉、化纤纺织及印染精加工业	≤6 亿 m/a	50	50	50
		>6 亿 m/a	100	50	50
GB/T 18081—2000	火葬场卫生防护距离标准	≥4 000 具 [d]	500	400	300
		>4 000 具 [d]	700	600	500
GB/T 18082.1—2012	皮革、毛皮及其制品业卫生防护距离 第 1 部分：皮革鞣制加工业	<100 万标张 /a	500	400	300
		≥100 万标张 /a	600	500	400

续表

标准号	标准名称	生产规模 / 种类	风速 <2 m/s	风速 2~4 m/s	风速 >4 m/s
GB/T 17222—2012	煤制气业卫生防护距离	<100 t[e]	2 200	2 200	2 200
		100~500 t[e]	3 800	3 800	3 800
		>500 t[e]	4 400	4 400	4 400

注： a 乙烯法；b 钙镁磷肥制造企业；c 过磷酸钙制造企业；d 焚尸量；e 煤气日存储量。

案例 1：大型冶炼厂污染迁移范围

云南某铅锌矿冶炼厂具有 50 多年的生产历史。所在区域为山谷地形，通过在主导风向和垂直于主导风向的方向布点并采集土壤样品检测，分析结果表明冶炼厂是本地区土壤中铅浓度升高的主要污染源，主要通过空气扩散造成影响，最大影响半径为 4~6 km。

案例 2：不同地块形状下周边调查范围的确定

在实际调查过程中，建议考虑地块的大小和形状，并结合地块周边区域综合考虑确定调查范围。例如，面积相对较小地块（小于 1 万 m^2），且大致属于一个规则的正方形形状，以本地块中心为圆点半径 1 000 m 划定的周边调查范围和以外边界进行外延划定的调查范围差别不大，为简便起见可以直接采用第一种方法确定周边调查范围。面积相对较大地块（20 万 m^2），且总体上属于一个长方形形状（边长分别为 200 m和 1 000 m），以外边界进行外延划定的调查范围进行周边范围划定。具体如图 18-1 所示。

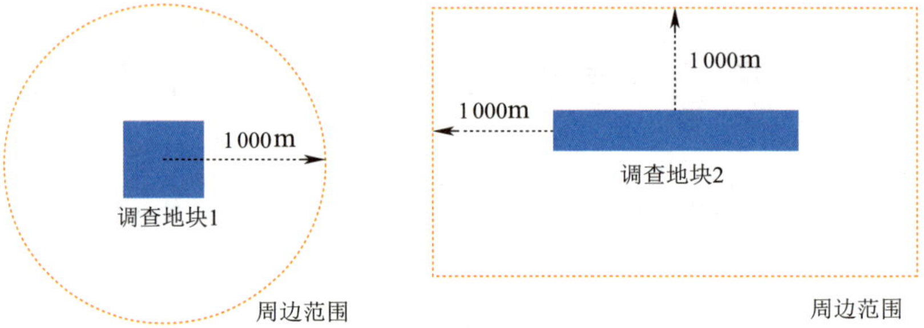

图 18-1　不同地块情景下周边调查范围确定方法示例

19

如何做好现场踏勘？

很多从业者对现场踏勘不够重视，导致无法有效识别重点信息。现场踏勘主要是核实收集到的资料并及时进行补充，初步识别场地内潜在污染情况，观察当前场地及周边环境状况。现场踏勘范围以场地内为主，涵盖场地周边区域，具体范围应由现场调查人员根据污染物可能迁移情况判断。

相关技术文件明确提出了踏勘重点对象、范围、踏勘方法和踏勘内容等要求。现场踏勘建议重点考虑如下内容：

（1）围绕资料收集中的问题，有针对性地开展踏勘工作

踏勘前，根据前期收集到的地块资料信息，准备踏勘重点信息核查表，列出潜在重点信息，避免遗漏现场踏勘重要信息，提高效率。表 19-1 为某场地现场踏勘重点信息核查表。

表 19–1　地块现场踏勘重点信息核查

序号	重点信息	是/否	备注（位置、特征等）
1	场地内有无化学品储存罐/槽？如有，是否有泄漏保护设施？		
2	场地内是否有废弃物堆放区或临时堆放区？		
3	场地内是否有填埋场？		
4	场地内是否有污水处理厂？		
5	是否有可能含有多氯联苯的设备？如有，位于何处？		
6	现场是否储存有燃料油、润滑油、洗涤助剂等有机物？		
7	现场是否有异味？		
8	建筑物和地表是否有污染痕迹？		
9	现场是否有颜色异常的土壤？		
10	现场是否发现植物生长异常情况？		
11	场地内外有无地表水体？		
12	场地内外有无水井（包括已近废弃的）？如有，其功能是什么？		
13	场地内及周边区域是否有烟囱等潜在气体排放源？		
14	场地内是否有某些区域暂时无法进行踏勘或近距离观测？		如有，请注明原因
15	场地周边是否有潜在地下水污染源？		
16	场地周边的地形地貌特征是否存在污染物迁移的可能？		

（2）重点关注潜在污染源

现场踏勘重点关注现状污染源和历史污染源，具体分类如下：

①有毒有害物质的使用、处理、储存和处置，如场地内的固体废物或者危险废物的临时堆放场所；

②储槽与管线，尤其关注地下和半地下的储槽（罐），通常这些罐体和管线是造成土壤和地下水污染的重要来源；

③排水管或渠、污水池、污水处理厂等。

图 19-1　现场踏勘重点示例

（3）关注现场异常情况

现场踏勘要注意颜色、气味和植被等是否存在异常情况。某些场地内植物生长异常情况可能是土壤或地下存在潜在污染的指示信号，如某块裸地上无任何植物生长或植物生长状况较差，而周边区域情况相对较好，应重点关注该区域潜在污染情况。如果发现某些区域或构筑物内出现异常的恶臭、化学品味道和刺激性气味，则需重点调查或开展人员访谈，判断是否存在潜在的污染情况或泄漏途径。例如，六价铬等污染物在土壤或构筑物表面富集后颜色差异明显。现场踏勘阶段前获取的地块污染识别信息较有限，不建议在现场踏勘进行无准备的采样测试，可借助 X 射线荧光分析仪（以下简称 XRF）、光离子化检测仪（以下简称 PID）、探地雷达等一些现场快速测试仪器，辅助筛查判断。例如，采用 XRF 对颜色异常区域的表层土壤重金属含量进行初步判断。用探地雷达对一些寸草不生的异常区域进行地下填埋物筛查判断，如图 19-2 所示。

具体参考条文依据详见“附录 2 序号 7”。

图 19-2　现场快速测试仪辅助筛查判断示例

Ⅲ 案例

在某些皮革厂场地中，金属铬作为潜在特征污染物一般不会有明显的颜色，如果发现表层土壤中有明显的黄绿色结晶体，XRF快速测试结果表明铬浓度相对较高，则可以初步判断六价铬的转化和富集，需在下一步调查采样时重点关注。

20

现场踏勘是否应直接开展样品采集送实验室检测？

现场踏勘主要是获取场地历史和现状信息，此阶段污染识别尚未完成，污染信息未完全掌握，一般不建议现场采样进行实验室检测。

土壤污染调查采样不是简单地按照网格划定采样点位，固定深度采集土壤和地下水样品，参照 GB 36600—2018 规定的基本测试项目检测的“傻瓜式”操作，而是需要通过系统的资料收集、人员访谈和现场踏勘等逐步递进，系统地进行污染识别工作，根据地块历史上所有的生产活动布局和污染迁移分布情况，有效识别出污染潜在重点区域和潜在污染物，并结合污染物类型、水文地质条件划定调查范围和调查深度。现场踏勘是污染识别过程中第一阶段的工作，虽能获取一定的污染特征信息，但并不全面。仅根据现场踏勘工作结果，直接采样检测，常会出现调查不充分、调查反复等问题。

具体参考条文依据详见“附录 2 序号 8”。

21

现场踏勘发现挖土施工等造成土壤大规模扰动怎么办？

调查过程中发现场地内有外来堆土或挖土基坑等大规模土壤扰动情况，考虑到扰动可能对地块原有生产造成的土壤污染产生较大的影响或者造成污染的异常扩散，建议提醒业主立即停止有关工作。

扰动情况属于现场踏勘重点关注的“异常情况”，调查分析其来源、扰动过程、土方平衡、现状管理、未来规划等，确保能够全面分析其对地块污染识别工作的影响，为下一阶段调查采样提供基础支撑。首先，应调查清楚外来土壤来源，明确其来源地块的历史沿革，明晰其是否进行过土壤污染状况调查及其调查结果。如果不能排除土壤污染的可能，则需要在下一阶段调查采样时进行针对性调查分析。其次，如果不能明确排除堆土的污染状况，通常在对堆土布点采样时建议参考修复后土壤验收监测方法，按照每 500 m^3 采集一个样品，并明确标记采样位置。如果堆土厚度较大时，建议参考基坑垂直采样深度确定方法，分层采集土壤样品。如果能明确堆土的来源和环境质量状况，可适当降低采样密度，开展验证性采样。

Ⅲ　案例

某地块调查时发现地块内有外来堆土，则需在第一阶段污染识别时有针对性地开展堆土扰动全过程追踪调查。其来源是周边某建筑工地基坑清挖土。关于堆土来源地块的信息，通过人员访谈和两个地块的责任主体出具证明文件佐证。调查人员对基坑开挖地块的历史沿革情况详细调查，并结合历史卫星图片核实，如表 21-1 和图 21-1 所示。

表 21-1　外来堆土来源地块的历史沿革情况（示例）

地块名称	利用历史	
	时间	利用状况
地块	2006 年之前	农田
	2006—2011 年	农业用地，处于闲置状态
	2011—2014 年	地块北侧进行开发建设时，利用地块北侧部分区域搭建临时办公地点
	2014—2016 年	2014 年地块内临时办公地点拆除，仅剩地块中部一间临时建筑未拆除，开发商在地块内建造钢支架彩钢瓦棚占用地块，但未进行过任何生产活动
	2016—2020 年 4 月	2016 年拆除地块内钢支架彩钢瓦棚顶棚，仅剩下钢支架，一直保持该状态至 2020 年 4 月
	2020 年 4 月至今	建设小区

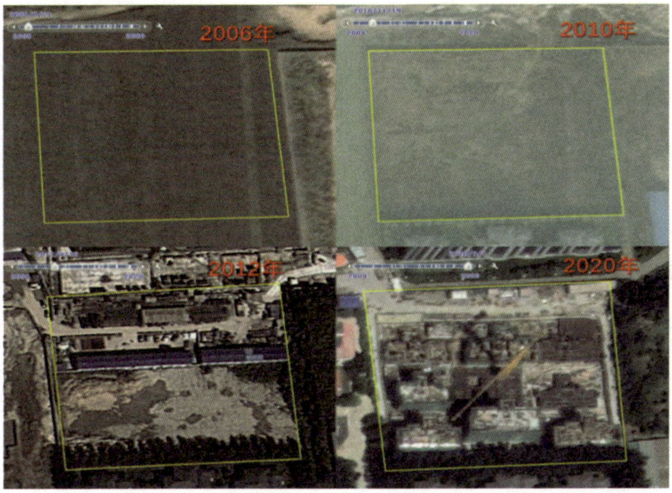

图 21-1　外来堆土来源地块典型历史卫星图片

调查单位通过对原地块基坑开挖方量和本地块内的堆土方量进行土方平衡核算（图 21-2），确认本地块的堆土全部来源于开挖地块，并且无土壤外运遗弃。能够再次辅助判断本地块内堆土的来源，并结合前期污染识别结果初步判断堆土可能不属于污染土壤。为保险起见，后期地块调查针对堆土设计了验证性采样，在确认堆土无污染后，建议业主及时对堆土规范处理。

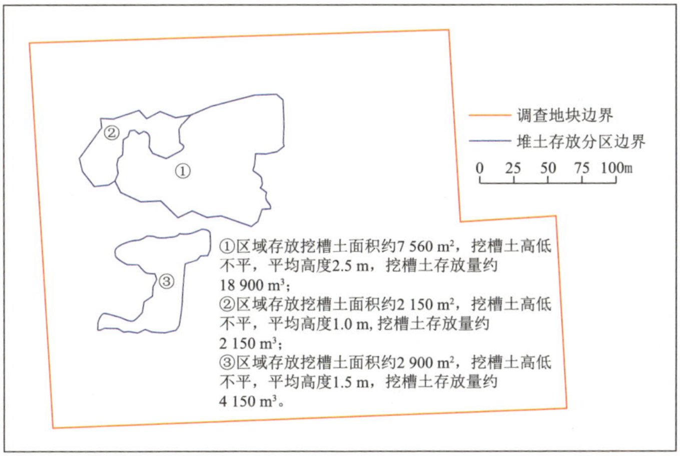

图 21-2　外来堆土存放情况统计及土方平衡估算（示例）

22

如何避免人员访谈过于简单、针对性差问题？

项目评审过程中发现人员访谈太过简单，有效信息不足。原因在于技术人员对人员访谈的目的和重点不清楚，造成访谈工作流于表面，缺乏实质性内容。

人员访谈目的是解决资料收集和现场踏勘中的疑问，对已有资料和信息考证，补充收集信息。在所收集资料不足以真实反映场地环境特征的情况下，必须开展人员访谈。访谈可以与现场踏勘过程相结合，也可以在现场踏勘之后进行。在访谈过程中，应同步核实已收集到资料的有效性。

（1）充分筛选确定访谈对象

访谈对象选择尤为重要，应选择对场地利用变迁及现状较为熟悉的人员。访谈的方式可采取当面访谈、电话访谈或书信访谈等多种方式。受访对象包括：

①场地上级主管机构和地方政府官员：尤其是了解地块及周边历史使用及变迁情况的资深人员。

②场地所在区域环境主管机构官员：熟悉和掌握地块内是否有过污染事件、典型的环境违法行为等重要信息的资深人员。

③场地过去、现在的所有者和使用者：场地的主要管理和操作人员由于熟知场地的使用情况和设施，属于重要的受访对象，一般应在现场踏勘时安排见面交流。

④场地所在地或熟悉当地事物的其他人员：如邻近场地的工作人员、场地过去的工作人员和居民。

（2）精心准备有针对性的访谈问题

访谈前应充分消化已有资料，精心设计访谈问题，最好以表格的形式进行现场快速记录。记录表格中的问题应尽可能设计成为选择题和判断题，以便于访谈对象回忆和快速回答。如果遇到需要确定平面布置或生产工艺等复杂问题，建议提前查询相关资料，辅助访谈对象判断。如图 22-1 所示，在访谈开始前准备不同时期历史卫星图片，标注出边界范围和主要变化，圈注需向访谈对象确认的重点内容，便于快速获取有效的信息。

图 22-1　人员访谈过程中卫星图辅助判断平面布置（示例）

（3）重点补充使用历史中重大变革信息

人员访谈要重点补充地块使用历史中重大变革信息，如之前禁用的农药等化工品的生产使用等信息，很难通过现有的资料收集获取，对地块历史了解的访谈对象往往能够给出重要的信息，帮助全面有效地识别场地特征污染物。另外，访谈还应包括如下重点内容：地块及周边的活动变迁情况、有无工业生产，生产工艺变化、原辅材料使用（有毒有害物质的储存、使用和处置情况分析）、污染物产排情况（固体废物和危险废物的处理评价）、重大污染事件（各类槽罐内的物质和泄漏评价，管线、沟渠泄漏评价）、环境监测记录等。

（4）对人员访谈信息总结梳理

应及时对访谈内容整理和统计。按照访谈对象类别梳理所获取地块信息，提取重要内容对比分析，核实和筛除有误或矛盾的内容。将人员访谈获取的信息与已收集资料对照分析，核实和补充其中可疑处和不完善处。

所有的人员访谈记录单均应完整作为调查报告的附件，其中包括部分筛除内容及其核查筛除过程。

具体参考条文依据详见“附录 2 序号 9”。

III 案例

某皮革厂调查过程中人员访谈信息总结梳理情况如下。本次访谈 11 人，当地居民对本地块的历史和现状的了解程度很高；管理人员对于地块的历史利用情况了解程度很高。被访谈人包括当地居民等 11 名，3 人通过电话方式沟通，主要为相关管理部门人员，了解地块的规划、管理等相关问题。3 人接受访谈，但不愿意留下姓名、联系方式，不同意访谈过程中记录，但该部分访谈对象所反馈的结果与后续具名问卷一致。3人同意提供姓名、联系方式等信息，1人同意提供姓名，但不同意提供联系方式，4人不同意提供姓名及联系方式（表22-1）。

整体上接受访谈的相关人群环保意识比较高，对于地块及其周边的环境状况比较满意，对本地块历史情况也较了解。因此，可基本确定该地块不存在土壤污染问题。

表22-1 人员访谈总结梳理情况

编号	访谈人员	工作单位	联系方式	获取地块信息
1	王 **	*** 市生态环境局	187******89	对于地块及周边的历史和现状了解程度都很高。地块处于二级水源地范围内
2	崔 **	*** 市生态环境局	152******09	对于地块及周边的历史和现状了解程度都很高
3	石 **	*** 有限公司	189******31	将皮料运输至车间，主要生产工艺为定版、裁剪、缝制，经过成品检验后将产品出口销售。并不涉及水洗、浸酸、铬鞣等制革工艺
4	石 **	*** 有限公司	—	地块主要包含成品库房、裁剪缝制车间、检验车间
5	李 **	*** 有限公司	—	主要生产珍珠岩助滤剂，工艺为通过天然气煅烧、冷却、粉碎
6	刘 **	*** 铝业	—	主要做断桥铝门窗加工，工艺为材料切割、打孔、拼接等
7	高 **	*** 村	—	地块归 *** 有限公司所有
8	王 *	*** 山庄	—	*** 山庄早期开过餐饮饭店，现已停业无其他经营

23

是否有较好的人员访谈表格模板？

人员访谈表格是方便人员访谈和记录的一种原始数据形式，应根据不同地块的特点和需求有针对性地设计，不能寻求“万能”表格模板。表格通常应包括如下内容：

（1）必要信息

要完整反映人员访谈结果，确保访谈内容准确性和可追溯性。

①访谈人员姓名、联系方式、访谈时间等基本信息，有利于后期的信息核查和追溯完善等环节；

②访谈对象称呼、身份（工作单位及职务等）、联系方式（如果受访对象要求，可以在访谈记录表中适当隐蔽保密，访谈人员应该保留能再次联系到访谈对象的方式，以便后期信息的核实）；

③地块的基本特征：名称、位置及大致用地历史，地块历史上有无环境投诉、污染泄漏或爆炸等典型污染事件，以及地块内有无气味、颜色等异常情况。

（2）可选信息

针对某些复杂地块或者资料收集严重不足的地块，应根据地块实际情况增设如下关键信息：

①地块上的主要产品、原辅材料、生产工艺布局等，如果地块涉及多个用地历史变化，对每个用地历史分别访谈记录；针对生产工艺布局，可结合不同时期历史卫星图等辅助参考信息，帮助访谈对象有效回忆和判断。

②地块内污水处理设施及管线分布情况、是否有危废产生及其暂存处置情况、其他固废堆存情况以及关键设施设备是否发生过位置变化；是否有环境影响评价报告书（表）、排污登记表等环境管理文件。

③地块内相关储罐与水池、类型（地上、地下、半地下以及是否有泄漏检测系统等）及位置。

④地下水埋深及周边地表水分布情况、水文地质概况等。

⑤地块是否在水源保护区等敏感位置以及周边是否有敏感点及位置关系等。

上述信息是人员访谈表设计的关键信息，实际访谈过程中可能存在很多信息不能获取的情况，并不一定强求所有访谈对象对全部的信息都全面有效填写，根据情况据实填写即可。

24 如何进行污染识别总结分析？

当资料收集、现场踏勘和人员访谈结束后，需对所搜集的全部资料信息整理分析，形成包括污染源、特征污染物、污染迁移途径和潜在污染介质等关键内容的污染识别结论。从目前项目评审总结来看，很多报告存在污染识别过于简单、过于保守和缺乏不确定性分析等问题，导致污染识别结论很难有效支撑下一步调查采样工作等，影响污染状况调查报告总体可信度。

在实际工作中，调查技术人员通常需基于前期所收集到的全部资料信息，结合相关经验，重点梳理总结，从污染源、特征污染物、污染迁移途径和潜在污染介质等几个方面形成主要结论，并给出下一步工作建议。污染物识别建议如下：

（1）识别方法要按照逻辑分析，形成完整的证据链

污染识别应基于前期所掌握的所有资料信息合理推测。重点聚焦到地块内和地块外潜在污染源，以及污染源可能造成的污染迁移暴露，最

终赋存或污染的环境介质。要根据潜在污染源的特征，合理分析可能产生并残留的地块土壤和地下水中的特征污染物，并依据其沸点、溶解度、亨利系数、分子量等理化特性参数，结合地块实际地理位置、水文地质特征、气象气候等环境因素，合理推测，科学推断其可能的迁移途径和大致影响范围，形成完整的闭合证据链。

案例

地块周边 300 m 外有一个加油站，该地块与加油站并非直接相邻，中间还隔有另外一个大型建筑物。区域地下水埋深相对较深，达到 15 m 以上，包气带存在相对较厚的黏土层等，土壤截污阻隔能力相对较强，加油站对本地块的污染影响相对较小。加油站中总石油烃在地块特征污染物识别时应被慎重纳入。

（2）识别过程要结合相关法规、标准和导则

污染识别过程就是构建场地概念模型的过程，建议参考《工业企业场地环境调查评估与修复工作指南（试行）》（2014）中的关于概念模型构建的方法，结合本书中第 25 问“如何构建场地概念模型”对污染识别的关键内容重点分析。

（3）应借鉴可靠成果

识别应借鉴成熟且经过验证的成果，如全国土壤详查成果或结论、其他类似场地的成果。同一区域类似地块的土壤污染调查报告的结果也可作为其他类似用地类型和环境条件地块污染识别的参考。有些地块在全国重点行业企业土壤污染状况详查时布设了少量点位，点位布设的依据和实

际样品检测结果可作为本地块污染识别的重要参考依据，也可作为该地块或类似地块污染识别的参考。

（4）识别结论要清晰明确，同时增加不确定性分析

不确定性分析包括以下两个方面：

①分析资料的真实性、充足性和有效性：判别已收集资料信息的真实性，并根据有效资料信息的充分程度，判断现有的信息是否能够充分支撑第一阶段污染识别结论。例如经过大量的信息整理，发现某地块在1970—1980年场地内的企业生产工艺情况信息缺失，相关的生产工艺、规模以及污染治理情况信息均出现断层，污染识别不确定性相对较大，很难排除这段时期内地块是否受到污染以及对现在的污染影响，建议进行第二阶段污染调查。

②调查的充足性和有效性：在资料收集、现场踏勘和人员访谈等过程中，可能通过不同方式收集到关于某环节的多种信息，如出现不同的观点或方向，需核查和判断不同来源的信息。假定无法核查或无法确认来源信息正确与否时，应分析不同信息是否影响地块污染现状判断，以及潜在影响程度。

第一阶段调查结论应明确场地内及周围区域有无可能的污染源，并分析不确定性。应列出调查过程中遇到的限制条件、欠缺的信息、对调查工作和结果分析的影响，确定是否有重大影响。污染识别部分需要添加平面布置图、周边关系图、反映调查过程的照片，以及其他重要的材料等佐证性附件。

具体参考条文依据详见“附录2序号10”。

某陶瓷厂地块污染识别结果表明，此地块可以划分为潜在污染区域和一般区域。潜在污染区域集中在场地原污水处理站、变电室、锅炉房、材料生产车间等区域；一般区域包括场地内辅材库、办公楼等。结合场地潜在污染物特点，将该场地划分为五个区域。原污水处理站区域的潜在污染物为重金属、多环芳烃类等；变电室的污染物为多氯联苯类；锅炉房产生的沉降烟尘可能使周边区域及厂区的一般区域的表层土壤受到多环芳烃类等有机物的污染；冲灰池收集的尘可能为池槽泄漏的柴油和汽油等石油烃；马蹄窑生产车间、抗碱耐磨材料生产车间产生的沉降粉尘可能使周边区域及厂区的一般区域的表层土壤受到重金属类、多环芳烃类及其他有机物的污染。各个区域潜在污染特征和具体位置详见表 24-1。

表 24-1　某陶瓷厂污染识别及分区情况（示例）

区域编号	名称及重点区域	潜在特征污染物
A 区	抗碱耐磨材料生产车间及周边	重金属、SVOCs
B 区	原污水处理站、变电室及周边	重金属、SVOCs、VOCs、PCBs
C 区	马蹄窑生产车间及周边	重金属、VOCs、SVOCs、
D 区	原车库及周边	VOCs、SVOCs、TPH
E 区	锅炉房、冲灰池及周边	VOCs、SVOCs、TPH

25

如何构建场地概念模型？

污染识别阶段的场地概念模型一般包括潜在污染源、特征污染物、迁移途径、污染物的赋存介质及潜在受体等。

（1）正确认识场地概念模型的定义和内涵

概念模型是指通过直观的方式，表征污染源、暴露途径和潜在受体实际情况，支撑管理决策。概念模型在场地环境精准调查与污染修复全过程中至关重要，特别是在弥补数据缺口和降低不确定性等方面意义重大。

不同的决策需要差异化的场地概念模型，如地下水污染迁移和修复需要重点强调水文地质、污染物浓度和归趋等方面的信息，而污染物暴露分析则需要关注所有的潜在受体和可能的暴露途径识别。总体上均包括污染源和暴露方式。一般场地概念模型必须包括如下信息，具体如表25-1所示。

表 25-1　一般场地概念模型应包括的关键信息

序号	信息类别	明细
1	场地概况	整体物理概况等
2	区域环境特征	地质 水文地质 生物生境
3	土地利用类型	土地利用历史 土地利用现状 土地利用规划
4	污染和场地调查信息	前期场地调查结果 关注污染物 污染源 污染物迁移和归趋分析 不同修复或管控技术的有效性 污染物随时间和空间的变化规律
5	潜在风险和受体	潜在敏感受体 暴露途径 行为和风险
6	数据评估	数据分析
7	数据缺口识别和完善建议	识别数据缺口 完善数据建议 针对不同暴露途径和不同修复决策，分别进行数据不足和完善分析

（2）场地概念模型可分为不同阶段

场地概念模型可按照污染场地环境治理全过程的时间序列分为 6 个阶段：初步场地概念模型、基础场地概念模型、污染表征场地概念模型、修复设计场地概念模型、修复施工场地概念模型和修复后场地概念模型。

在污染地块调查阶段，基于全周期的场地概念模型主要包括初步场地概念模型、基础场地概念模型和污染表征场地概念模型 3 个阶段。

①初步场地概念模型主要是在污染识别后形成，主要包括潜在关注污染物、潜在污染源、迁移途径和潜在受体等重要信息。

②基础场地概念模型主要是在初步调查完成后，通过获取场地污染特征和影响污染物赋存场地水文地质信息后，对初步场地概念模型优化更新后形成的。

③污染表征场地概念模型是在详细调查完成后，使用现场高精度筛选测试方法获取大量数据后，采用三维可视化表征的方式对场地概念模型完善优化而成的。

初步场地概念模型主要是通过收集场地已有信息，识别场地污染现状，提供场地基本概况。构建初步场地概念模型是场地污染修复过程启动的标志之一，又被称为整个场地修复工作的奠基石。初步场地概念模型可通过对场地使用者和其他利益相关方访谈，获取场地历史或区域地质和水文地质信息、历史卫星影像、环境管理信息、平面布置等基础信息，构建概念模型的基础。图 25-1 为某场地污染暴露和潜在受体概念模拟图，被广泛应用于概念模型构建中的潜在风险分析。

基础场地概念模型在初步场地概念模型的基础上改进形成，包含更多的信息，帮助完成更多目标。模型包括利益相关方意见、不确定性分析、数据缺口与补充计划以及潜在修复问题等内容。主要通过基础场地概念模型进行数据获取和质量控制。基础场地概念模型是项目规划阶段重要成果之一，可通过图形方式展示场地和介质特征，如图 25-2 所示。

污染表征场地概念模型通过有效获取数据和数据分析，协助刻画污染特征与范围、识别影响污染物迁移转化的关键地质和水文地质特征，有效降低不确定性影响。污染表征场地概念模型包括整合水文地质和化学检测

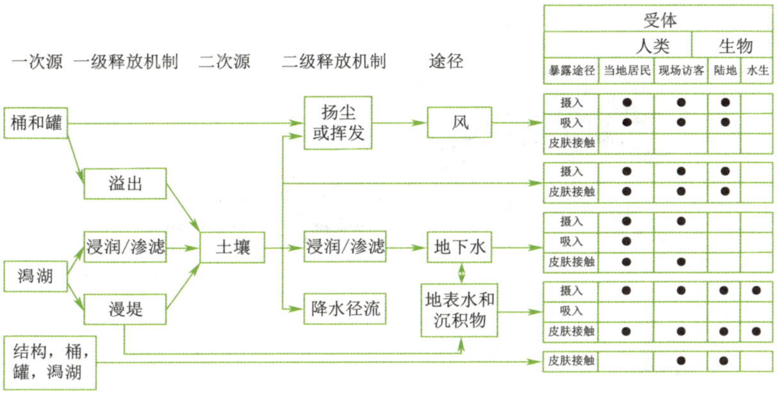

图 25–1　某场地初步场地概念模型

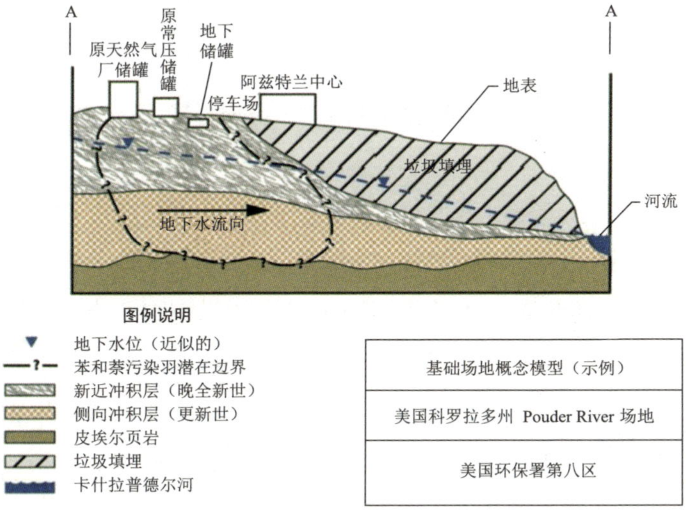

图 25–2　基础场地概念模型示例

数据，识别急性人体健康风险、环境安全风险及累积风险，辅助修复技术筛选。图 25-3 为污染表征场地概念模型示例，明确了场地污染类型、污染源以及污染迁移途径等，且比场地基础概念模型更复杂、更有效地表征了场地实际污染状况。

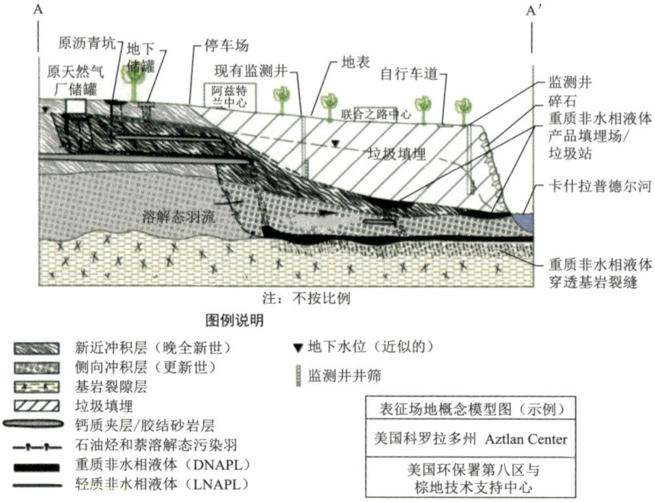

图 25-3　污染表征场地概念模型示例

（3）场地概念模型与后期布点采样的关系

在污染识别阶段建立的初步场地概念模型通常包括潜在关注污染物、潜在污染源区域、污染可能释放机制和时间、污染环境介质、污染分布数据、潜在迁移途径和潜在受体等重要信息。作为初步调查采样工作的主要依据，指导后期调查采样。例如，某地块地下水埋深相对较深，且包气带中含有较厚的相对阻隔能力较强的黏土层时，污染识别该地块特征污染物主要是迁移能力相对较弱的重金属，地下水受污染的可能性相对较小。第二阶段调查采样时可适当弱化地下水部分工作量。

具体参考条文依据详见“附录 2 序号 11”。

Ⅲ　案例

某有机溶剂厂通过场地踏勘、人员访问、资料收集，初步判定污染途径包括化工产品生产过程中氯代烃等物料存储、使用过程中的遗洒渗漏；部分区域原工艺中生产储罐可能发生泄漏；日常产生的生产固废滴落淋溶造成的污染，潜在污染区域与原生产布局关系较为密切。污染物通过遗洒进入表层土壤，通过淋滤、渗漏进入下层土壤和地下水，对场地内的土壤和地下水造成污染。简单的初步场地概念模型如图25-4所示。

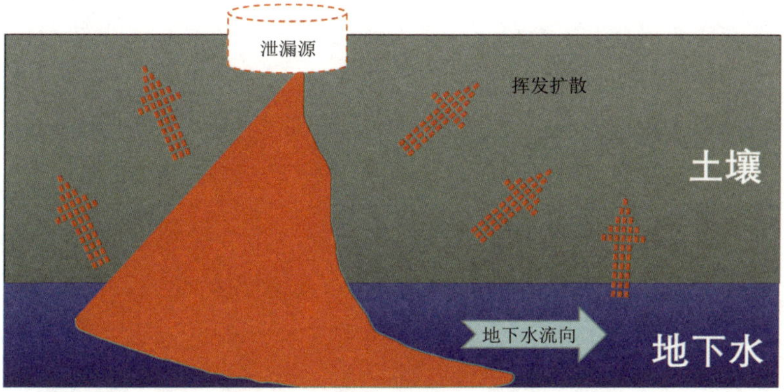

图 25-4　初步场地概念模型示意

结合初步场地概念模型，污染识别结果认为该场地土壤和地下水存在被污染的可能，需要进行下一步的现场调查采样及分析工作。由于该地块面积较小，现场采样时建议采用判断布点和网格布点相结合的方法确定采样位置，并适当扩大采样范围至场地外临近区域。采样重点关注污染物为以氯代烃为代表的挥发性有机物及其代谢降解产物。

初步调查发现土壤中超标污染物主要为苯及氯代有机物，其中1，1，2-三氯乙烷最高检出浓度超过1 000 mg/kg，远超过饱和溶解度。污染最严重的点位相对集中，最大污染深度达到地下10.2 m左右。地下水中VOCs类超标最为严重的是1，1，2-三氯乙烷，最高浓度值超过500 mg/L，超过水的饱和溶解度，可能存在重质非水相有机物（DNAPLs）。发现场地的地层结构特殊，东西方向剖面的地层结构变异显著。最西侧由上至下分别为杂填土、薄粉土夹层、细砂，由西向东杂填土层厚度逐步增加，粉土层厚度逐步加大且变为黏粉土，下方的砂层厚度逐步减少。结合南北方向其他钻孔的剖面变化，初步分析该场地所在区域西侧部分原可能为一古河道，后被冲积砂层填平，建厂前可能进行过人工平整和表层回填。特殊地层条件可能造成局部区域内污染物垂直向下迁移速度相对较快，并在迁移至饱和层后在水平方向横向迁移，形成相对较大污染范围。

场地概念模型可根据上述信息适当优化更新，如图 25-5 所示。

根据初步采样调查结果和基础场地概念模型，确定详细调查可以分两阶段进行。首先，利用磁激发极化法（MIP）和高密度电阻率法现场辅助调查判断，初步判定污染源的位置及潜在污染边界；然后，加密土壤和地下水采样，加密点位主要布设在潜在的污染边界区域，以核实或确定地下污染物

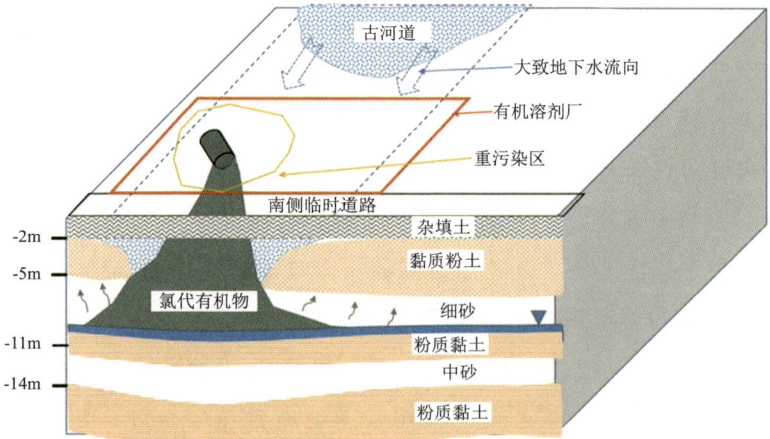

图 25-5　基础场地概念模型示意

的空间分布情况，根据污染羽的浓度梯度和空间分布情况，判断场地内主要的污染源分布以及是否存在多个污染源。

根据初步调查和详细调查的结果，综合判断污染物在包气带内以垂直迁移为主，随着土壤气的挥发进行横向迁移；污染通过垂直迁移进入第一含水层后，污染物随着地下水流场进行横向迁移，污染物以横向扩散为主。由于此类污染物比水密度大，垂直向下迁移，通过第一含水层底部的弱透水层时，大部分污染物被吸附截留。场地范围内第一含水层和第二含水层之间的阻隔层厚度不均匀，局部厚度较小且存在联通可能。比水密度大的氯代烃污染物可能已经局部下渗，进入第二含水层。该场地污染概念模型进一步优化调整，具体如图 25-6 所示。

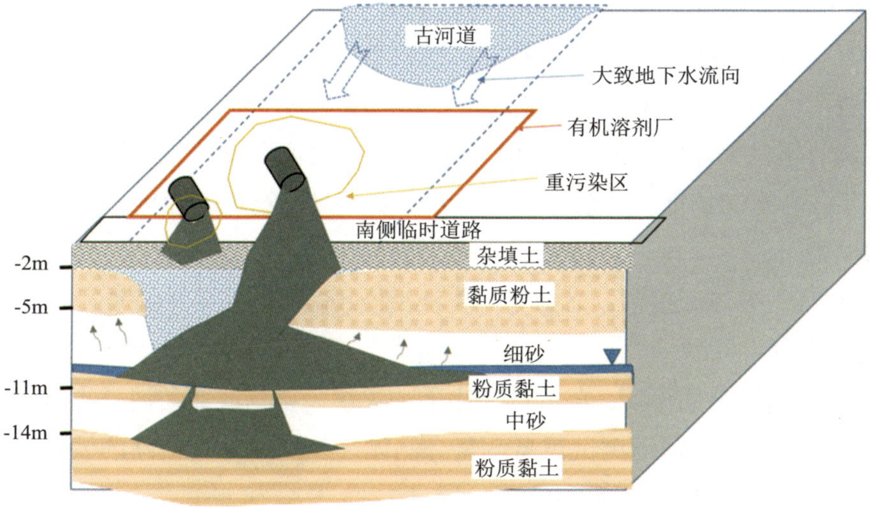

图 25-6　污染表征场地概念模型示意

26

如何有效选择现场测试工具？

通过现场快速测试可获取定性或半定量的测试数据，辅助进行现场污染判断，极大提高地块土壤污染状况调查效率。常用仪器见附录 3。

现场快速测试设备（方法）具有及时、快速的优点，应结合关注污染物的类型和场地实际特征筛选测试装备（方法）。

（1）基体效应：土壤质地、沉积物等介质的基质特征可能会影响到某些现场测试设备（方法）的效果，如土壤中的卵砾石可能会导致 XRF 测试效率大幅降低；另外，有些需要预处理的现场测试方法可能会导致在某些特殊的场地无法使用等，或者需要在具体场地使用前进行针对性的校验。

（2）关注污染物：必须考虑关注污染物类型、可能的浓度范围、检出限需求等。

（3）组分间干扰：某些介质中的非关注污染物或非关注类物质的含量，可能会干扰现场测试设备测量。例如，土壤中含量较高的铁，可能会使 XRF 测试镉等物质浓度时受到干扰。

（4）局限性：所有的测试方法都有局限性，明确每种测试方法的局限性，能够帮助现场技术人员根据每个场地的具体要求获取有效测试数据。例如，有些测试试剂需要冷冻或冷藏，因此现场使用时需具备制冷装置；有些 TPH 酶联免疫测试试剂盒对机油或者润滑油组分的识别效果相对较差，在现场测试含有此类物质较多的疑似污染介质时，可能会产生较多的假阴性误差。

在实际使用过程中，应严格落实质量保证和质量控制措施要求，确保获得准确、有效的测试数据。例如，严格按照操作说明进行使用前校准或预测试；设置一定比例（10% 以上）的现场质控样、平行样、空白样等；定期进行现场测试与实验室测试样品进行对比和回归分析等。除此之外，现场详细记录测试全过程，确保现场测试结果的可追溯性和重现性，保障现场测试结果有效性。

具体参考条文依据详见“附录 2 序号 12”。

27

现场测试结果是否可以作为污染判断的依据？

一般情况下，现场测试结果只能用作相对污染程度高低的定性或半定量测试，辅助判断污染和样品筛查；而污染判断基于现有的样品标准检测方法委托有资质的实验室进行样品检测分析。现场测试结果不足以作为污染判断的依据。

相对于空气和地表水介质，土壤介质相对较为复杂，污染物在其中的赋存状态更为隐蔽和更加稳定，实际样品检测时往往需要溶解提取、萃取富集等相对复杂的前处理过程，不能在现场完成测试。另外，标准检测方法相对于现场快速测试方法，通常具有完善质量保证和质量控制措施，结果相对较为准确且重复性较高，能更准确地判断土壤是否受到污染及污染程度大小。

虽然现场快速测试不可完全作为污染物判断的依据，但可以为后期的采样提供重要参考。目前，土壤污染状况调查通常采取现场快速测试与筛查样品实验室标准方法检测相结合的方法。例如，在污染识别过程中确定的潜在重点污染区域内，无法确定哪些点位初步采样时，可结合污染识别明确的特征污染物的特性，选择合适的现场快速测试方法和工具，快速筛查判断。如表 27-1 所示，对于某一面积较大的区域可先网格划分，在每个网格内使用 PID 进行现场快速测试，筛查出检测结果相对较高的网格进行初步调查采样，从而提高调查采样的准确性，降低综合成本和不确定性。

具体参考条文依据详见“附录 2 序号 13”。

表 27-1　使用 PID 进行网格化现场快速测试筛查采样点位

PID（PPM）	1	2	3	4	5	6	7	8	9	10	11	12	13	14
T3	2.3	2.5	1.9	1.3	3.5	2.0	1.8	1.6	1.9	1.9	1.6	2.1		
A1	1.1	1.3	2.5	2.9	33.4	0.3	1.2	1.5	1.8	5.7	1.6	2.1		
A2	–	9.9	2.1	30.7	44.4	30.9	2.9	2.9	20.2	2.0	1.4	14.0		
B1	–	10.0	3.1	180.0	192.0	1.3	1.3	2.5	2.2	1.7	1.8	1.8	1.2	
B2	11.5	42.9	180.0	80.1	42.0	2.3	2.2							
B3	19.5	11.3	223.0	6.7	8.9	2.6	2.0							
C2	–	34.3	115.0	71.3	95.2	7.6	0.4	1.4	12.1	9.1				
C3	–	97.2	84.3	125.0	14.3	8.4	6.8	5.4	8.4					
C4	–	364.0	116.0	321.0	14.0	48.2	1.6	5.1	53.8					
C5		552.0	478.0	226.0	118	20.9	5.0	5.4						
C6		489.0	642.0	248.0	26.9	13.7	6.4							
C7		136.0	1 001.0	43.6	10.9	7.2	6.7							
C8		348.0	404.0	60.2										

28

地块内的暗浜识别、布点采样和检测因子确定时应该注意哪些问题？

暗浜指一种不良地质情况，即曾为河道，在淤泥未清理情况下被填埋形成的区域。土壤污染状况调查中较难识别。

（1）暗浜识别。一是资料分析。借助历史影像，结合地块不同时期的地形图，识别暗浜形成过程与范围；通过查阅地块的地勘报告或者区域的历史河道图、地质资料数据库等，了解地块内暗浜分布；通过人员访谈，获得暗浜可能的填埋过程可能的污染情况等详细信息。二是现场判断。可通过现场钻探采样，获取地层分布，确认暗浜。

（2）采样范围和位置设计。一是原则上同一暗浜区域布设至少 1 个采样点，如地块内存在不止一条暗浜或暗浜区域面积较大，可适当增加点位；二是采样位置应至少涵盖表层、淤泥层顶部和淤泥层下部原状土位置。采样过程可能遇到的问题及解决方案如表 28-1 所示。

（3）检测因子确定。土壤与地下水样品检测的基本因子为 GB 36600 中规定的基本项目，同时兼顾污染识别确认的特征因子，主要包括暗浜中填埋物、历史上河道上游方向排污企业和排污口涉及的污染特征因子。

表 28–1　暗浜采样过程可能遇到的问题及解决方案

可能遇到的问题	问题产生原因	问题解决方案
预定采样点位未能捕捉到浜底淤泥样品	不同历史底图有偏移	在紧邻区域调整钻孔，直至摸清浜底淤泥层
浜底淤泥层较薄，样品量较少，通常使用的 Geoprobe 钻机无法采样（DT22 管中小于 10 cm 样品）	历史河道存在时间短，淤泥厚度薄等	使用地质取芯中使用的地质钻机，并配合薄壁取土器取得较为完整的土样
在非暗浜区域点位的样品中发现浜底样品	历史卫星图不足，历史资料缺失	现场应采尽采，通过补充人员访谈、查阅地质资料等来进一步核实暗浜存在情况

三

规划用途与评价标准

29

用地规划的分类依据是什么？

用地规划分类依据建议参考自然资源部办公厅印发的《国土空间调查、规划、用途管制用地用海分类指南（试行）》（自然资办发〔2020〕51 号）。该指南在整合原《土地利用现状分类》《城市用地分类与规划建设用地标准》《海域使用分类》等分类基础上，建立了全国统一的国土空间用地用海分类。

30

规划用途确定的依据是什么?

根据《土地》第 4 条规定，国家实行土地用途管制制度，使用土地的单位和个人必须严格按照土地利用总体规划确定的用途使用土地。第 19 条规定，县级土地利用总体规划应当划分土地利用区，明确土地用途。乡（镇）土地利用总体规划应当划分土地利用区，根据土地使用条件，确定每一块土地的用途，并予以公告。建议根据上述有关要求，核实确认有关地块规划用途。

31

评价标准放在调查报告的什么位置合适？

通常引用的评价标准列表放置在报告第一章编制依据中，具体的标准限值列表建议在检测结果分析评价章节中；在引用标准时，需核实标准的有效性，建议参考生态环境标准网站（http://www.mee.gov.cn/ywgz/fgbz/bz/bzwb/）等核实，详情请参考问题15“编制依据容易出现的问题”。

32

对于 GB 36600—2018 中未提及的污染物项目筛选值，如何解决？

对于 GB 36600—2018 中未列入的污染物项目，可以参考地方标准或《建设用地土壤污染风险评估技术导则》（HJ 25.3—2019）等标准及相关技术。

对于缺少相关标准参数，不能通过风险评估计算筛选值的情况。可通过查询国内外相关数据库及文献的方式，充分获取致毒机理、相关毒性参数及环境行为信息，在风险评估报告的毒性评估相关章节阐明调研结果，评估对地块未来利用方式下对人体健康的影响，并参考国际土壤污染物环境标准研究确定有关数值。

对污染物毒理学信息缺失的，可通过理化性质、致毒机理相近的已知毒性物质类比等方法，提出毒性参数参考值。若要进行人体健康风险评估，建议请毒理学专家给予专业指导，确保专业性与科学性。

其他具体要求可参考《建设用地土壤污染状况调查、风险评估、效果评估报告评审指南》。

33

对于《地下水质量标准》（GB/T 14848—2017）中未提及的污染物评价标准，如何解决？

对于《地下水质量标准》（GB/T 14848—2017）中缺少的评价标准，可参考《生活饮用水卫生标准》（GB 5749）、地方标准、国外相关的地下水标准。

注意，在引用国外标准时，需要说明国外标准的用途、发布年份。比如，*Regional Screening Levels*（*RSLs*）版本每年更新，在引用时，需要注明引用标准的用途、发布年份。

34

林地和未利用地土壤如何选用评价标准?

《土壤环境质量　农用地土壤污染风险管控标准(试行)》(GB 15618—2018)保护目标主要是食用农产品质量安全,因此,适用范围主要是耕地,以及园地、牧草地。

林地和未利用地土壤评价标准应当依据其保护目标确定。未利用地可以按照未来拟利用方式及保护目标选择相应评价标准。《土壤法》第31条第4款规定“对未利用地应当予以保护,不得污染和破坏”。

具体参考条文依据详见“附录2序号14”。

35

因固废非法处置或者环境突发事件造成的污染，如何确定特征污染物？

针对目前存在的因固废非法处置或者环境突发事件造成位置偏僻且无土地规划的农田、荒地或者未利用地的土壤污染的情况，HJ 25.1—2019 适用于建设用地土壤污染状况调查，为建设用地土壤污染风险管控和修复提供基础数据和信息。对于因固废非法处置或者环境突发事件造成农田、荒地或者未利用地的土壤污染的，可参考 HJ 166/T—2004 中的相关要求开展调查监测工作，并按照《中华人民共和国固体废物污染环境防治法》相关规定处理。

关于特征污染物的确定问题，建议根据非法处置的固废中污染物的情况或者环境突发事件涉及的污染物的情况去确定。

36

环境影响评价中土壤环境质量背景监测如何选择评价标准？

建设项目环境影响评价中开展土壤环境质量现状监测，一是了解或掌握调查评价范围内土壤环境现状，为后续相关工作奠定基础；二是确保建设项目用地土壤环境质量符合国家或者地方有关土壤污染风险管控标准。根据《环境影响评价技术导则　土壤环境（试行）》（HJ 964—2018）对现状监测因子的要求，“基本因子为 GB 15618、GB 36600 中规定的基本项目，分别根据调查评价范围内的土地利用类型选取”。

四

采样方案

37 采样方案应包括哪些内容？

采样工作是污染场地调查工作的核心内容，详尽、完善的采样方案是确保顺利完成采样工作的必要前提。采样方案一方面为采样工作提供依据，另一方面为采样人员现场工作提供具体的技术指导。采样方案一般包括如下内容：

（1）场地基本信息

场地基本信息包括场地历史使用情况、已有场地污染资料和场地水文地质资料，供现场工作人员了解场地历史。当发现有污染特征的土、水、固废等时，方便现场判断，也可根据现场采样情况对污染范围推测，及时调整污染边界。场地水文地质资料可以帮助现场工作人员预判钻遇地层、地下水，估计并及时调整钻探或采样深度。如无场地水文地质资料时，应说明场地所在区域或邻近场地水文地质资料。

当采样工作需钻机、运输车辆等较大型设备时，应说明场地交通、道路等情况。根据设备需要还应说明场地现有水、电接口。应同时说明场地地下管线、构筑物的分布情况，防止采样过程中对地下管线及构筑物破坏造成安全、环境问题及经济损失。

（2）采样点布设方案

采样点布设方案一般包括如下内容：

①样品种类；

②采样点空间位置；

③当需要开展长期监测时，应包括监测要求。

样品种类一般包括土壤样品和地下水样品。根据场地情况和后期风险评估需要可布设土壤气、固废、遗留设备或建构筑物擦拭、地表水等样品。一般需要同时布设测试土壤物理性质的样品，如岩性、密度、含水量、粒径等。

各类样品均应明确采样点的空间分布，采样点的空间分布包括平面位置和垂向位置信息。平面位置一般用平面坐标数据，如 X、Y 值，进行明确，并以平面图的形式进行表示，以方便现场使用。垂向位置信息，如 Z 值，一般采用深度数据或高程数据表示。现场采样工作时一般使用相对现况地面的深度数据表示，方便工作开展；后期数据处理时一般使用高程数据表示采样点垂向位置的绝对值。

采样点空间位置数据可使用投影坐标系或地理坐标系进行表示。地理坐标系是一种球面坐标，而投影坐标系是一种平面坐标。由于采样点坐标数据直接应用于后期的风险评估、污染及修复区域划定、可能的修复或风险管控的设计及施工等各环节，为保证空间数据的准确性和一致性，应根据当地情况合理选用坐标系，如城市地方坐标系、2000 国家大地坐标系等。每个采样点均应明确编号及 X、Y、Z 空间位置数据。

当需要开展长期监测时，应明确监测周期、频率、采用次数等。当对场地分区采样的，还应明确采样区域平面位置。

（3）采样工作的人、材、机计划

承担单位应根据监测任务组织好单位内部及合作单位间的责任分工。应明确参加采样工作的人员数量及每人的具体职责。结合采样工作，如测量、钻探操作、采样操作、材料管理、样品的保管及运输、记录及资料整理等，分别明确责任人员。

材料一般包括建井材料、采样材料、二次污染防治材料、劳动保护材料等，应列表明确各材料种类、规格、数量、用途等。

机械设备一般包括钻探设备、取样设备、监测设备、运输设备等，一般应明确设备的型号、数量、用途。

人、材、机计划可同时明确进场计划和使用计划。

（4）采样周期和费用

采样周期包括准备工作、采样、撤场的完整时间段，应根据采样工作量合理安排采样周期，满足委托要求。

采样费用包括钻探费用、材料费用、人工费用、二次污染防治及劳保、安全等措施费用等。

（5）健康和安全防护计划

根据有关法律法规和工作现场的实际情况，制订地块采样人员的健康和安全防护计划。人员健康计划包括口罩、手套、护目镜、防护服等防护用品及防暑降温等措施。人员安全计划主要包括安全培训、标识标牌、围护防护措施等。

（6）二次污染防治措施

主要涉及废水、固废等的收集及统一处理，如洗井废水、钻探泥浆、岩芯、采样用的器具、管材等。

（7）质量保证和质量控制

现场质量保证和质量控制措施应包括防止样品污染的工作程序、运输空白样分析、现场平行样分析、采样设备清洗空白样分析、采样介质对分析结果影响分析，以及样品保存方式和时间对分析结果的影响分析等，具体参见 HJ 25.2。

38

如何确定污染场地最大调查深度？

污染场地最大调查深度应至未受污染的深度为止。具体应根据土壤污染状况调查阶段性结论及现场情况确定，如考虑污染物可能释放和迁移的深度（如地下管线和储槽埋深）、污染物性质、土壤的质地和孔隙度、地下水位和回填土等因素。

可参考以下原则和方法确定最大调查深度：

（1）最大调查深度应等于或略大于土壤和地下水的最大污染深度，如大于土壤和地下水的最大污染深度 1~2 m。

（2）最大深度采取的土壤和地下水样品应能证明该深度及其下部土壤和地下水未污染或污染物浓度未超过相关标准。

（3）确定最大调查深度一般通过多次采样、循序渐进的过程确定，即当采取的最大深度样品存在污染或污染超标时，应逐步加大采样深度，直至采集到未污染或未超标深度样品。

（4）初次调查采样，采样深度一般应至第一层地下水含水层底板位置，并采取地下水样品和第一层地下水含水层底板位置土壤样品。

（5）如场地基岩地层埋深较浅时，采样深度一般至基岩地层为止，受成本和技术水平影响，国内一般不对基岩层开展风险管控或修复。在此种情况下，一般仍应采集全风化、强风化、中风化层基岩及其赋存地下水样品进行检测，了解污染特征。

（6）当上部地下水受到污染时，应进一步采取下部含水层地下水样品进行检测。含水层之间应做好止水。

具体参考条文依据详见“附录2序号15”。

39

地下水监测井结构如何合理设计？

地下水监测井设计须结合水文地质情况，满足监测目标要求。建议如下：

（1）地下水监测井可选用硬聚氯乙烯（UPVC）井管，当监测井需要长期使用时，需要进行管材的腐蚀性试验，必要时选用不锈钢材质井管。硬聚氯乙烯（UPVC）井管规格选用可参考 GB/T 4219.1 和 GB/T 10002.1。

（2）监测井深度一般应到达含水层底板，并进入下部弱透水层 0.50~1.00 m。

（3）监测井管径可选用 5.0 cm（2 英寸）或 7.5 cm（2.5 英寸），一般选用 7.5 cm（2.5 英寸）管径，以方便洗井及后期安装监测设备。当需要采用潜水泵进行抽水试验或洗井时，监测井可选用 10.0 cm（4 英寸）及以上直径井管。

（4）监测井过滤管材质和管径一般和壁管（实管）段相同，可采用对壁管钻孔或割缝方式制作过滤管。国内外相关标准对过滤管开孔率有相关要求，一般在保证过滤管强度的基础上尽量提高开孔率。

（5）过滤管外包尼龙网或钢丝网，尼龙网或钢丝网可选用 40、60、80、100 目规格，根据含水层岩性确定。

（6）根据含水层厚度确定过滤管长度，一般设置为完整井，过滤管长度取含水层厚度，位置与含水层一致。

（7）当含水层厚度大于 6 m 时，原则上应分层进行采样，可采用多层监测，根据污染物特征、含水层结构等进行合理调整。

（8）针对厚度大于 6 m 的含水层，可在含水层位置全部设置过滤管，即将监测井设置为完整井，采样时通过改变采样设备进水口位置，也可实现定深采样和不同深度采样。这种不同深度采样方法并未被相关标准文件禁止，但也没有被提倡。

（9）监测井成孔孔径应大于监测井管径，一般钻探成孔直径宜超过井管直径不少于 100 mm，即围填滤料厚度不宜小于 50 mm，这是为了保证围填滤料层的厚度及过滤效果。根据已有工程经验，围填滤料最小不宜小于 25 mm。

（10）围填滤料一般可选用 1~2 mm 粒径的砾石或石英砂，卵石含水层可选用 2~4 mm 粒径的砾石或石英砂。

（11）围填滤料从监测井钻孔的最底部填充至超过过滤管上部 30~60 cm。

（12）围填滤料顶部位置至地面全部填充止水材料。止水材料可选用黏土球或膨润土颗粒。当选用膨润土颗粒时，其直径以 0.6~1.2 cm 为宜，过小粒径将影响填充效果。

（13）考虑对监测井的保护、标识要求，可进一步安装井台、井口保护盖等。

（14）针对同一含水层设置多个深度监测井时，上述沉淀管、过滤管、砾料填充的长度、位置等应进行适当调整。

（15）针对同一含水层设置多个深度监测井时，考虑成井复杂度、成井效果、后期使用方便性等因素，推荐采样丛式井，当采用巢式井和连续多通道井时，建议先建试验井验证效果。

（16）对于低密度非水溶性有机物污染，监测点应设置在含水层顶部；对于高密度非水溶性有机物污染，监测点应设置在含水层底部和隔水层顶部。

（17）针对不同含水层设置监测井时应分层止水。

相关导则标准如表 39-1 所示。

表 39-1　监测井建设要求

规范	具体要求
HJ/T 164	监测井的建设要求
DZ/T 0270	监测井建设，包括监测井设计、施工、成井、抽水试验等
T/CAEPI 14、DB11/T 1311	井管材质
GB/T 4219.1、GB/T 10002.1	硬聚氯乙烯（UPVC）井管规格选用

具体参考条文依据详见“附录 2 序号 16”。

40

地下水监测井建设如何进行质量控制？

地下水监测井建设类似隐蔽工程，成井质量控制工作至关重要。如地下水监测井成井出现质量问题，一般很难修复，只能废弃重建。地下水监测井建设质量控制工作可划分为建设前的准备工作、建设过程的控制工作、建设完成后的验收工作 3 个部分。

（1）建井前的准备工作

①技术准备：完成井结构设计，包括组井的井结构设计。建井施工前应对作业班组进行详细的技术交底，对没有建井经验的作业班组开展技术培训。

②材料准备：包括井管、滤料、封孔填料、尼龙网、钢丝网等进行检查，包括数量检查和质量检查，质量检查包括材质和规格检查。

③设备准备：主要准备好钻探成井设备和洗井设备。设备均应到场，且可以正常使用。

④人员责任：落实现场记录人员、指导人员、检查人员，明确其责任。记录人员主要开展钻探地层编录、建井结构记录；指导人员负责对建井

过程进行全过程监督指导；检查人员负责对调查项目整体建井工作质量进行抽查，及时发现问题并落实整改。

（2）建井过程的控制工作

①成孔质量控制：成孔或建井深度应根据钻遇地层现场调整，相应的井结构也现场调整。成孔推荐采用套管护壁工艺；采用泥浆护壁工艺时宜选用反循环钻进工艺，否则会增加后期洗井的难度；一般不推荐使用封闭钻头、积压地层成孔的钻进工艺。成孔过程中注意记录各层初见水位和静止水位。成孔完成后准确测量孔深，考虑孔内可能的沉淀情况，一般成孔孔深可比设计孔深大 10~20 cm。

②清孔：下管前应再次测量孔深，清理沉淀物。如采用套管护壁工艺成孔时，当含水层岩性以粉土、卵石为主时，可尽量提取孔内水及泥沙后，再下入井管；当含水层岩性以砂类土为主时，应避免套管内外的水位差过大，造成建井过程的涌砂问题。当采用泥浆护壁工艺成孔时，下管前应进行换浆。

③井管质量控制：应将本井使用的各段井管按下入顺序在地面顺次摆放，包括壁管、过滤管和沉淀管等。依次检查各段井管材质、规格、长度是否符合设计的井结构要求。检查井管有无破损，管内有无阻挡，管内壁是否顺滑。检查过滤管的开孔情况，如需包网的，现场包网，并检查核对包网层数、包网的固定情况。

④下管质量控制：成孔后应尽快下入井管。根据设计井结构顺次下入井管，井管采用丝扣连接方式。井管下到孔底后，应核查井管出地面的长度是否和设计相符。

⑤填料及封孔质量控制：如采用套管护壁工艺，应一边提升套管，一边填充滤料和封孔填料，填充滤料和封孔填料位置保持在管靴的下部，即避免使滤料和封孔填料停留在套管内部、套管和井管直接。每次提升套管长度不应过大，建议 30~60 cm。应一边测量滤料和封孔填料的填充深度，

一边提升套管。

⑥井台及保护装置质量控制：包括井台建设、井口保护套管建设、井管及锁等的质量控制。

⑦洗井质量控制：洗井可采用提桶洗井、空压机洗井、潜水泵洗井、真空泵洗井等多种形式。应连续洗井，直至水清沙净。由于不同污染场地水文地质条件相差很大，洗井标准也并不明确。一般情况下，两次洗井后，监测井的单井出水量，或水位恢复速度如相差较大，应继续洗井；如单井出水量，或水位恢复速度基本相同，则可以停止洗井。检查井内沉淀情况，如沉淀厚度过大，应进行洗井。

（3）建井完成后的验收工作

①深度验收：管内测量井深，井深应和设计井深保持一致。

②管材验收：地面出露井管的材质、规格应和设计保持一致。

③连通性测试：抽提监测井地下水，并量测恢复水位，检查监测井的连通性。

④沉淀检测：检查井内沉淀情况，应保证很少的沉淀量，如沉淀厚度小于 10 cm。

⑤资料验收：建井的资料，如地层编录、井结构记录等内容及签字是否齐全。

建议采用污染场地多介质可视化监测仪验收监测井质量，井下摄像可以清晰观察井管实管与花管位置、长度及其完整性、井内水中悬浮物、井内沉淀情况等。调查报告中有关检查照片等实证材料，佐证调查过程的科学性，有利于报告评审通过。

Ⅲ 案例

某污染场地对监测井、地下水、地层、底泥等多介质深度参数及图像数据的采集与存储，实现可视化展示（图 40-1）。由高清防腐监测探头、高精度测尺及多功能显示仪组成。利用高精度的测尺将专业监测探头、数据转换模块、数据采集存储模块与展示仪连接，实现对监测井质量、地下水中污染物等可视化监测。及时发现监测井破损情况、未按监测井设计实施建井工作、地下水中 LNAPL 和 DNAPL 等。

图 40-1 某污染场地参数监测示意

41

调查阶段地下水监测点位置如何合理布设?

污染场地调查应针对调查阶段分别布点。第一阶段土壤污染状况调查无需开展地下水采样布点。第二阶段、第三阶段土壤污染状况调查均应布设地下水监测点。

不同阶段可根据实际需求，选择下列布点方法：系统随机布点法、专业判断布点法、分区布点法、系统布点法。

不同地块的布设方法不同，具体如下：

（1）地下水流场

污染场地调查阶段地下水监测点布设应能满足查明地下水流场要求，详见“问题 75　如何量测地下水水位并正确确定地下水流向、绘制地下水流场”部分。

（2）地下水监测点的布设区域确定

①确认分布地下水；

②疑似污染严重的区域布点；

③同时考虑在地块内地下水径流的下游布点；

④地块内地下水径流的上游也建议布点。

（3）平面上游布点原则

应在地下水流向上游的一定距离设置对照监测井。地下水对照监测井主要为获取地下水环境背景值信息。

如地块面积较大，地下水污染较重，且地下水较丰富，可在地块内地下水径流的上游增加 1 ~ 2 个监测井。

（4）平面下游布点原则

考虑在地块内地下水径流的下游布点。在下游布设地下设施监测井主要为了解下游区域地下水污染情况,为后期修复和风险管控方案提供依据。

如地块面积较大，地下水污染较重，且地下水较丰富，可在地块内地下水径流的下游增加 1 ~ 2 个监测井。

（5）平面污染区域布点原则

地下水监测点位应沿地下水流向布设，可在地下水流向上游、地下水可能污染较严重区域和地下水流向下游分别布设监测点位。

调查阶段地下水监测点布点密度并没有严格要求，建议参考 HJ 25.6：内部监测井至少设置 3 ~ 4 个。原则上内部监测井设置网格不宜大于 80 m×80 m，存在非水溶性有机物或污染物浓度高的区域，监测井设置网格不宜大于 40 m×40 m。

（6）垂向布点原则

①布点深度：应根据监测目的、所处含水层类型及其埋深和相对厚度来确定监测井的深度，且不穿透浅层地下水底板。对于低密度非水溶性有机物污染，监测点位应设置在含水层顶部；对于高密度非水溶性有机物污染，监测点位应设置在含水层底部和不透水层顶部。

②分层布点：针对不同含水层设置监测井时应分层止水。前期监测的浅层地下水污染非常严重，且存在深层地下水时，可在做好分层止水条件下增加一口深井至深层地下水，以评价深层地下水的污染情况。

③采样深度：一般情况下，采样深度应在监测井水面 0.5 m 以下。

④关于厚层含水层：建议参考 HJ 25.6，当含水层厚度大于 6 m 时，原则上应分层进行采样，可采用多层监测，根据污染物特征、含水层结构等进行合理调整。

42

调查中固体废物调查工作有哪些要求？

在土壤污染状况调查工作中，如遇到固体废物，应采集有关样品开展检测。可参考《工业固体废物采样制样技术规范》（HJ/T 20—1998）确定采样制样方案、采样技术、制样技术、样品保存和质量控制。在土壤污染状况调查工作中开展固体废物调查的目的是确定固体废物的数量、特征指标以及固体废物属性。鉴于完全按照上述规范，采样数量相对较多，因此，可围绕调查目标有选择性地开展调查采样。

43

如何确定固体废物的分析检测指标？

固体废物分析检测应以废物鉴别与废物处置为目的，废物样品分析重点关注废物中的特征污染物（通过分析废物产生的环节确定）及 GB 36600 中要求的检测指标。如果固体废物涉及水泥窑协同处置方式，要检测废物的含硫量、含氯量、含氟量。另外，对于固体废物样品全扫描分析要有针对性，避免随意全扫描。

44

固体废物是否需要开展危险废物鉴别？

判断某种废物是否为危险废物，一是通过查找《国家危险废物名录（2021 年版）》，根据实际生产工艺和生产环节描述，判断是否属于名录内的危险废物。二是若名录中没有相应的废物代码或者与产生环节描述不一致，要根据其出现的危害特性（如毒性、反应性、腐蚀性、易燃性等），对照《危险废物鉴别标准　通则》（GB 5085.7）及相关鉴别标准开展危险特性鉴别、鉴定工作。

如果固体废物满足以下两个条件，可无须通过采样、检测判断不属于危险废物。

（1）未列入《国家危险废物名录》；

（2）根据其生产的原辅材料和工艺就可以排除其具有危险特性，则可以不开展危险特性检测工作或辅助性检测工作，直接作出该固体废物不具有危险特性的属性认定，避免了危险废物鉴别过程的过度检测。

在实际调查工作中，如果综合考虑采样数量、调查时间、检测成本等因素，可不进行固体废物属性判定，无论固体废物属性如何，均可按照危险废物管理要求，从严管理。

五

分析检测方案

45

如何做好土壤中挥发性有机物（VOCs）样品采集？

土壤挥发性有机物样品采集有以下关键点：非扰动采样，采样时避免交叉污染。在土壤样品采集过程中应尽量减少对样品的扰动，禁止对样品进行均质化处理，不得采集混合样。当采集用于测定不同类型污染物的土壤样品时，应优先采集用于测定挥发性有机物的土壤样品。使用非扰动采样器采集土壤样品。若使用一次性塑料注射器采集土壤样品，针筒部分的直径应能够伸入 40 ml 土壤样品瓶的颈部。针筒末端的注射器部分在采样之前应切断。若使用不锈钢专用采样器，采样器需配有助推器，可将土壤推入样品瓶中。不应使用同一非扰动采样器采集不同采样点位或深度的土壤样品。

如直接从原状取土器中采集土壤样品，应刮除原状取土器中土芯表面约 2 cm 的土壤（直压式取土器除外），在新露出的土芯表面采集样品；如原状取土器中的土芯已经转移至垫层，应尽快采集土芯中的非扰动部分。在 40 ml 土壤样品瓶中预先加入 5 ml 或 10 ml 甲醇（农药残留分析纯级），以能够使土壤样品全部浸没于甲醇中的用量为准，称重（精确到 0.01 g）后，带到现场。采集约 5 g 土壤样品，立即转移至土壤样品瓶中。土壤样品转移至土壤样品瓶过程中应避免瓶中的甲醇溅出，转至土壤样品瓶后应快速清除掉瓶口螺纹处黏附的土壤，拧紧瓶盖，清除土壤样品瓶外表面上黏附的土壤。用 60 ml 土壤样品瓶（或大于 60 ml 其他规格的样品瓶）另外采集一份土壤样品，用于测定土壤中干物质的含量。

具体参考条文依据详见“附录 2 序号 17”。

46

如何做好土壤和地下水中石油烃（C_{10}–C_{40}）样品净化？

土壤和地下水石油烃（C_{10}–C_{40}）样品净化时有以下关键点：

（1）净化时，避免净化柱穿透；

（2）样品净化前尽可能去除样品萃取液中水分及丙酮，避免影响硅酸镁净化柱净化效率。

标准中石油烃（C_{10}–C_{40}）定义是指在标准规定条件下，能够被正己烷（或正己烷丙酮）提取且不被硅酸镁吸附，在气相色谱图上保留时间介于正癸烷（包含）与正四十烷（包含）之间的有机化合物。从定义中可知，样品萃取液中一些干扰杂质可被硅酸镁吸附，但硅酸镁的吸附效率随着样品中极性溶剂如水分、丙酮的含量增加而降低，且固定质量的硅酸镁填料的吸附容量有限。故石油烃（C_{10}–C_{40}）样品净化时，首先，样品萃取液应转换溶剂为正己烷，充分去除丙酮；再使用无水硫酸钠充分去除萃取液中含有的微量水分。其次，当经净化的样品进样后基线明显上升且没有下降、样品净化后颜色较深或观测到净化柱使用后从上到下均是较深颜色时，净化柱可能已穿透，需重复净化样品多次，直到样品达到净化效果才能定量分析。

具体操作步骤和相关信息可参考《土壤和沉积物　石油烃（C_{10}-C_{40}）的测定　气相色谱法》（HJ 1021—2019）及《水质　可萃取性石油烃（C_{10}-C_{40}）的测定　气相色谱法》（HJ 894—2017）。

具体参考条文依据详见“附录 2 序号 18”。

47

如何做好土壤和地下水中石油烃（C_{10}-C_{40}）准确定性定量？

土壤和地下水中石油烃（C_{10}-C_{40}）准确定性定量有以下关键点：

（1）定量计算时使用的是石油烃（C_{10}-C_{40}）响应值的峰总面积。石油烃（C_{10}-C_{40}）测试是一种总量法概念，即认为色谱图上有响应值的峰均是石油烃（C_{10}-C_{40}）。

（2）标准指出，石油烃（C_{10}-C_{40}）响应时间窗口的色谱积分从n-$C_{10}H_{22}$（包含）出峰开始，到n-$C_{40}H_{82}$（包含）出峰结束，故要准确标记好谱图时间范围。

（3）石油烃（C_{10}-C_{40}）的总峰面积应扣除柱流失的面积，因为分析石油烃（C_{10}-C_{40}）的气相色谱条件会引起显著的柱流失，使基线上升。同时在制作校准曲线时也应该扣除柱流失的面积，且柱流失峰面积应不影响校准曲线的制作。

（4）制作校准曲线的标准溶液为C_{10}-C_{40}的正构烷烃，峰形轮廓图与实际样品相差较大，但不影响定量结果的准确度。

综上所述，土壤和地下中水石油烃（C_{10}-C_{40}）定性定量时可参考以下步骤。

首先，按样品仪器采集条件分析一针溶剂空白，观察溶剂空白色谱图，计算溶剂空白的峰面积，若溶剂空白色谱图波动较大或第一个校准曲线点峰面积与溶剂空白峰面积差值为负数时，说明仪器柱流失已经严重影响石油烃（C_{10}–C_{40}）的定量分析，此时则应查明原因，必要时更换进样口、老化色谱柱以及烘烤检测器，直到溶剂空白色谱图波动达到定量要求。

其次，分析一针正癸烷－正四十烷混合溶液，根据正癸烷的出峰开始时间确定石油烃（C_{10}–C_{40}）的开始时间，正四十烷出峰结束时间确定石油烃（C_{10}–C_{40}）的结束时间，样品定性时，严格依据正癸烷和正四十烷确定的峰起始时间和结束时间对样品中色谱图进行积分，并确保样品色谱图积分方式与标准溶液积分方式均为水平积分。

再次，校准曲线制作时，每一个校准曲线点石油烃（C_{10}–C_{40}）的峰面积均应扣除溶剂空白峰面积，使用扣除峰面积后的值制作校准曲线，校准曲线的线性相关系数应不小于 0.999。在计算样品中石油烃（C_{10}–C_{40}）含量时，每个样品中石油烃（C_{10}–C_{40}）的峰面积均应扣除溶剂空白峰面积，使用扣除峰面积后的值参与计算。

最后，每分析 20 个样品间应分析一针溶剂空白和标准溶液，持续观察溶剂空白峰面积是否波动异常、标准溶液测试值是否满足质控要求及正癸烷和正四十烷的出峰时间是否发生偏移，当溶剂空白峰面积波动异常，标准溶液测试值不满足质控要求或正癸烷和正四十烷的出峰时间发生偏移时，则说明仪器分析状况发生了变化，应停止样品分析，查找原因，直到仪器状态正常后才可继续样品分析。

具体参考条文依据详见“附录 2 序号 19”。

Ⅲ 案例

图 47-1 为溶剂空白色谱图波动较大色谱图。结果显示，以正构烷烃对石油烃定量，虽然标准溶液谱图与实际样品谱

图不一致，但是大于检出限的测试结果相对标准偏差均小于3%，满足质控要求。

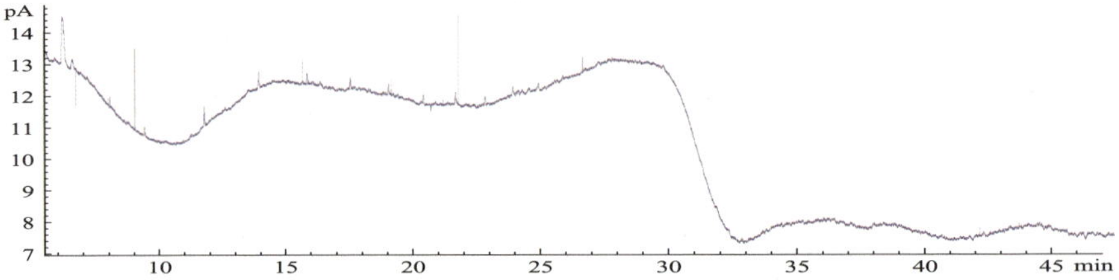

图 47-1　石油烃（C_{10}–C_{40}）溶剂空白色谱

48

如何做好土壤和地下水中挥发性有机物（VOCs）空白样品分析？

土壤和地下水挥发性有机物（VOCs）空白样品采集的关键在于VOCs空白样品的选取与采集。

相关标准指出，VOCs空白样品包含全程序空白、运输空白、设备空白及实验室空白。其中，全程序空白和运输空白需现场采集。每种空白样在不同环节均起到质控作用，质控目的不同，均不能马虎。全程序空白样表征从采样至实验室分析全流程样品是否受到污染，运输空白样表征运输过程中样品是否受到污染，设备空白样表征采样设备是否污染样品，实验室空白样表征实验室分析过程是否受到污染。从质控全面性角度考虑，建议土壤和地下水中挥发性有机物样品采集、分析时，在条件允许的条件下，全程序空白样、运输空白样、设备空白样及实验室空白样均采集、分析。若条件不允许，则建议采集、分析全程序空白样及实验室空白样，因为全程序空白样涵盖了采样过程，实验室空白样仅揭示实验室内部分析过程，通过全程序空白和实验室空白结果可辨别出是采样过程发生的污染还是实验室内发生的污染。

下面将一一介绍空白样的采集方法：

（1）全程序空白样品采集方法：采样前在实验室将一份空白试剂水放入样品瓶中密封，将其带到采样现场。与采样的样品瓶同时开盖和密封，之后随样品运回实验室，按与样品相同的操作步骤试验。若使用预先加入甲醇的采样瓶采集高浓度 VOCs 土壤时，则在采样前同时在实验室将 5 ml 甲醇放入样品瓶中密封，将其带到采样现场。与采样的样品瓶同时开盖和密封，之后随样品运回实验室，按与样品相同的操作步骤试验。

（2）运输空白样采集方法：采样前在实验室将一份空白试剂水放入样品瓶中密封，将其带到采样现场。采样时不开封，之后随样品运回实验室，按与样品相同的操作步骤试验。若使用预先加入甲醇的采样瓶采集高浓度 VOCs 土壤时，则在采样前同时在实验室将 5 ml 甲醇放入样品瓶中密封，将其带到采样现场。采样时不开封，之后随样品运回实验室，按与样品相同的操作步骤试验。

（3）设备空白样采集方法：采样前从实验室将二次蒸馏水或通过纯水设备制备的水作为空白试剂水带到现场，使用适量空白试剂水浸泡清洁后的采样设备、管线，尽快收集浸泡后的水样，放入地下水 VOCs 样品瓶中密封，随样品运回实验室，按与样品相同的分析步骤处理和测定。

（4）实验室空白样采集方法：实验室将一份空白试剂水放入样品瓶中密封，按与样品相同的操作步骤试验。

具体参考条文依据详见“附录 2 序号 20”。

Ⅲ　案例

某污染地块调查过程中，监测项目包含甲苯（挥发性有机物）但采样、分析过程无运输空白样、全程序空白样、设备空白样及实验室空白样。检测结果为采集的全部样品甲苯含量均超标，实际上该地块无甲苯污染。研究发现是因为采样时预先加入采样瓶的甲醇被甲苯污染，因未监测甲醇空白样品而错报数据。

空白样的重要性可见一斑。

49

如何做好土壤和地下水中酚类化合物的净化？

土壤和地下水中酚类化合物的净化技术主要使用酸碱分配净化的原理。酚类化合物在碱性水溶液中以酚盐形态存在，在水相中的分配系数比其他有机物大，进而容易达到分离的效果。

因此，做好酚类化合物的净化有以下两个关键点：

（1）样品萃取液使用碱性水溶液进行液液萃取，此时要求酚类化合物以酚盐形态尽可能分配于水相中，其中碱性水溶液 pH 大小直接影响酚类化合物在水相中的分配效率，水溶液 pH 越大，酚类化合物在水相中的分配效率越高。

（2）含有酚盐的碱性水溶液使用稀盐酸或稀硫酸调节为酸性后，此时酚类化合物主要以分子形态存在，使用有机溶剂萃取时，水相 pH 直接影响酚类化合物在有机相中的分配效率，水溶液 pH 越小，酚类化合物在有机相中的分配效率越高。萃取溶剂选用二氯甲烷和乙酸乙酯混合溶剂时，酚类化合物在有机相中的分配效率更高。

综上所述，土壤和地下水中酚类化合物萃取液净化时，添加的碱性水溶液 pH 建议调节 $pH > 13$，再使用二氯甲烷/正己烷混合溶剂萃取杂质，弃掉有机相，保留水相，此时因酚类化合物以酚盐形态溶于水相中。水相再使用盐酸溶液调节 $pH \leq 1$，再使用二氯甲烷/乙酸乙酯混合溶剂萃取酚类化合物，共萃取 2 ~ 3 次，收集并合并有机相萃取液后浓缩待测。另外，也可通过衍生化技术改变酚类化合物的性质后使用硅酸镁、硅胶、氧化铝等层析柱进行净化。

具体参考条文依据详见“附录 2 序号 21”。

Ⅲ　案例

图 49-1 至图 49-3 分别给出了碱性水溶液 pH、酸性水溶液萃取溶剂类型对酚类化合物回收率的影响结果。

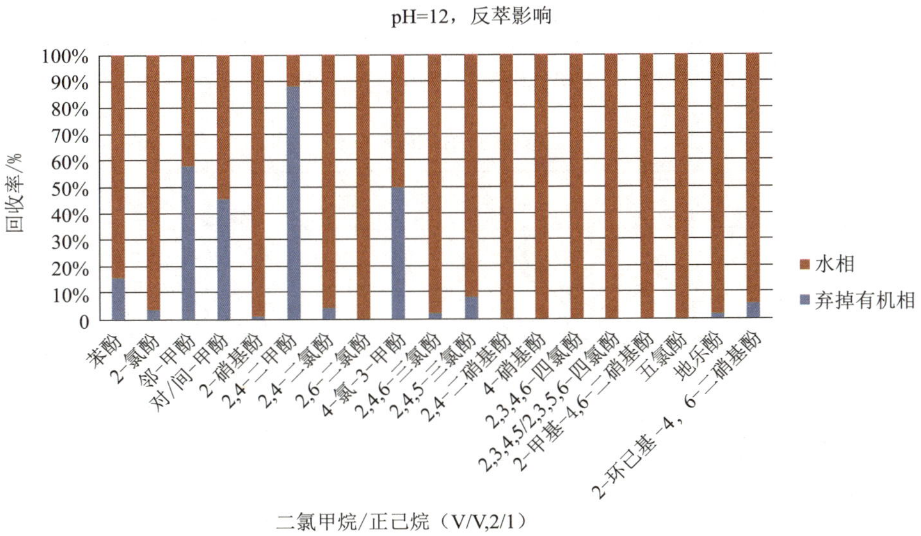

图 49-1　碱性水溶液 pH=12 时，水相与弃掉的有机相中酚类化合物含量分布（引自土壤和沉积物酚类化合物的测定气相色谱法编制说明）

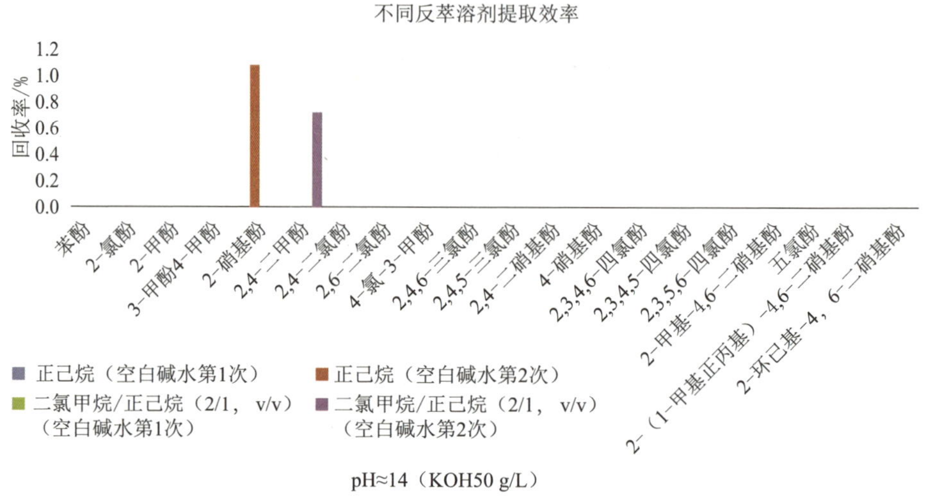

图 49-2　碱性水溶液 pH=14 时，弃掉的有机相中酚类化合物含量

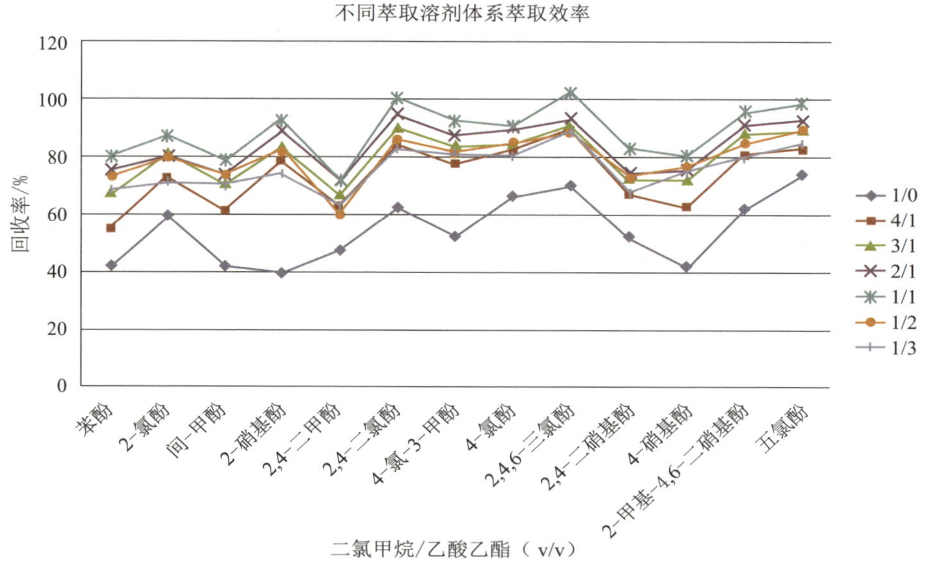

图 49-3　不同比例二氯甲烷与乙酸乙酯混合溶液对酚类化合物的萃取回收率（引自水质酚类化合物的测定液液萃取/气相色谱法编制说明）

50

如何做好土壤和地下水中酚类化合物的浓缩?

一些酚类化合物，如苯酚、2- 氯酚、邻甲酚、间甲酚、对甲酚等因为沸点较低，易挥发，在浓缩过程中容易损失。因此，酚类化合物浓缩有以下关键点：

（1）浓缩温度不宜过高，应置于室温至 45℃，温度太高会导致酚类挥发，太低会降低浓缩效率；

（2）氮吹浓缩过程气流不宜过快；

（3）样品萃取液不能浓缩至干。

标准《水质　酚类化合物的测定　液液萃取 / 气相色谱法》（HJ 676—2013）提到，将脱水干燥后的萃取液转移至浓缩瓶，用浓缩装置在45℃以下浓缩。标准《水质　酚类化合物的测定　气相色谱 - 质谱法》（HJ 744—2015）提到，氮吹浓缩及更换溶剂参考条件为氮吹浓缩仪设置温度在 30℃，小流量氮气将对提取液进行浓缩。其他浓缩注意事项均并未涉及。研究发现，乙酸乙酯在室温至 30℃条件下，浓缩速度过慢，影响浓缩效率，当浓缩装置温度设置为 45℃时，能有效提升浓缩效率。但二氯甲烷沸点为 39.75℃，当浓缩装置温度设置为 45℃时，二氯甲烷已经沸腾，易造成酚类化合物的损失。酚类化合物萃取溶剂主要为二氯甲烷和乙酸乙酯混合溶液，故浓缩过程应渐进性提升浓缩装置温度。若浓缩装置使用氮吹仪，萃取液液面应轻微波动；若使用旋转蒸发仪，萃取液液面不产生气泡且挥发出的溶剂以滴状冷凝。

综上所述，酚类化合物萃取液浓缩时，首先梯度调整浓缩装置温度（氮吹仪）或梯度调整真空度（旋转蒸发仪）；其次注意萃取液液面微微波动即可；最后浓缩液不能浓缩至干。以常用的氮吹浓缩仪为例，具体浓缩过程为，将萃取液转入浓缩管中，浓缩管放至氮吹仪水浴加热器上，设置水浴温度为 30℃。调节氮气流量使萃取液液面轻微浮动，待萃取液液面下降二分之一后，设置水浴温度为 45℃，继续浓缩萃取液至约 1 ml，使用乙酸乙酯定容至 1.0 ml 待测。

具体参考条文依据详见“附录 2 序号 22”。

Ⅲ 案例

浓缩时，需要避免浓缩至干或载气流量过大的情况，否则会对酚类化合物的回收产生严重影响。图 45-1 给出了酚类化合物不同浓缩方式浓缩后的回收率，其中 S-1 和 S-2 样品萃取液因浓缩至干，酚类化合物回收率均为 0。S-5 样品萃取液浓缩过程中，因氮气流量过大，萃取液液面波动剧烈造成具有挥发性有机物特性的酚类化合物不同程度损失。而 S-3 和 S-4 样品萃取液参照上述推荐操作流程，回收率均大于 75%，满足质控要求。

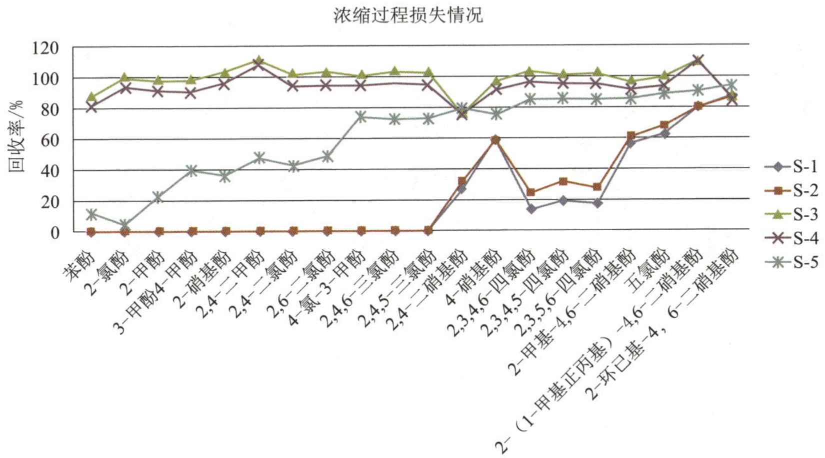

图 50-1　浓缩过程损失情况

51

如何降低酚类化合物的检出限？

将酚类化合物衍生后再进行分析，能有效降低酚类化合物的检出限，提升酚类化合物的仪器灵敏度。

当使用气相色谱法分析酚类化合物时，标准《水质　五氯酚的测定　气相色谱法》（HJ 591—2010）规定将样品中的五氯酚与乙酸酐进行衍生化反应，生成五氯苯乙酸酯后用具有电子捕获检测器的气相色谱仪测定。标准《水质　酚类化合物的测定　液液萃取/气相色谱法》（HJ 676—2013）规定样品中的酚类化合物萃取后，使用氢火焰检测器检测。上述两个标准均使用气相色谱法分析样品中酚类化合物，HJ 591—2010中五氯酚衍生后再分析，当样品取样体积为100 ml时，检出限为0.01 μg/L；HJ 676—2013中五氯酚未衍生进行分析，当取样体积为500 ml时，五氯酚方法检出限为1.1 μg/L。五氯酚衍生后仪器灵敏度提升了2个数量级。

当使用气相色谱质谱法分析酚类化合物时，标准《水质　酚类化合物的测定　气相色谱－质谱法》（HJ 744—2015）规定样品中的酚类化合物，经五氟卞基溴衍生化后用气相色谱质谱法（GC-MS）分离检测。标准《水质　硝基酚类化合物的测定　气相色谱－质谱法》（HJ 1150—

2020）规定样品中酚类化合物萃取后不衍生，使用气相色谱质谱法分离检测。气相色谱质谱法，衍生后仪器灵敏度也提升了一个数量级。故酚类化合物衍生后再进行仪器分析，灵敏度能有效提高。

Ⅲ 案例

图 51-1 及图 51-2 给出了五氯酚衍生物及五氯酚气相色谱图，从图中可看出，五氯酚衍生物峰形更好、无峰拖尾现象、峰响应值高，而五氯酚色谱峰有峰拖尾现象。

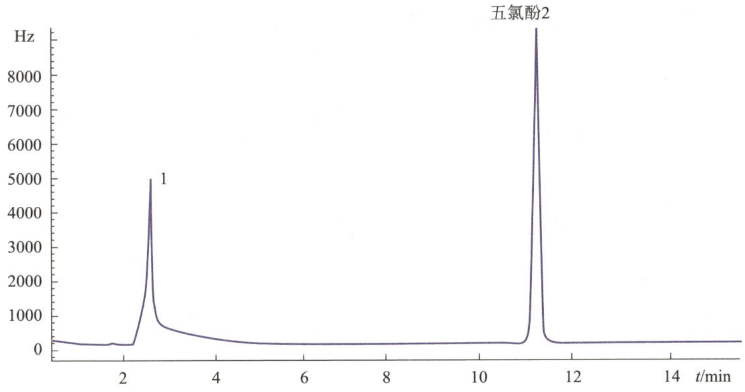

图 51-1 五氯酚衍生物色谱（引自 HJ 591—2010）

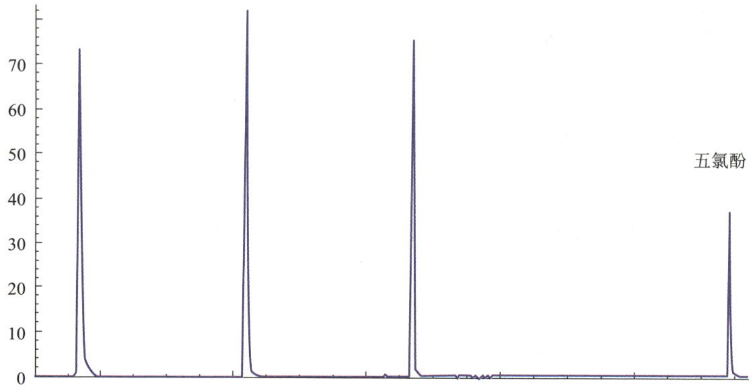

图 51-2 五氯酚色谱

具体信息可参考以下文件：

《水质 五氯酚的测定 气相色谱法》（HJ 591—2010）

《水质 酚类化合物的测定 液液萃取/气相色谱法》（HJ 676—2013）

《水质 酚类化合物的测定 气相色谱-质谱法》（HJ 744—2015）

《水质 硝基酚类化合物的测定 气相色谱-质谱法》（HJ 1150—2020）。

具体参考条文依据详见“附录 2 序号 23”。

52

如何做好土壤苯胺样品提取？

相关研究发现，土壤为酸性时，土壤中含有的酸性物质会促使苯胺转换为盐，从而降低苯胺的固液分配系数，影响提取效率。土壤中苯胺的提取效率受土壤基质和提取溶剂类型影响，不同类型土壤中苯胺的提取效率不同。比如，一些土壤中，二氯甲烷－丙酮混合溶剂对苯胺提取效率接近 100%，但在另一些土壤类型中提取效率却小于 30%。故土壤苯胺样品提取的关键点是提高土壤苯胺样品提取效率。

根据现有研究，建议先使用二氯甲烷－丙酮混合溶剂或正己烷－丙酮混合溶剂提取土壤中苯胺，再使用甲醇对样品再一次提取，两种提取液分别进行仪器分析，样品中苯胺测试结果以两种提取液中测试结果之和计。通过两种不同类型溶剂先后萃取，能有效提升土壤中苯胺的提取效率，且样品中绝大部分杂质已被二氯甲烷－丙酮混合溶剂或正己烷－丙酮混合溶剂第一次提取，故甲醇相提取溶液中杂质较少，避免了甲醇相提取剂的净化步骤。

具体操作步骤为：首先，称取适量土壤样品，加入适量硅藻土研磨混匀，使用加压流体萃取仪提取样品，第一次提取溶剂为二氯甲烷－丙酮混合溶剂或正己烷－丙酮混合溶液，第二次提取溶剂为甲醇。其中二氯甲烷－丙酮混合溶剂或正己烷－丙酮混合提取液浓缩后使用层析柱净化，净化后浓缩至 1.0 ml 待机分析。甲醇提取液定容至 50.0 ml 后分取 1.0 ml 待机分析。二氯甲烷－丙酮混合溶剂或正己烷－丙酮混合提取液测试结果与甲醇提取液分析结果和为样品最终结果。

具体参考条文依据详见“附录 2 序号 24”。

53

如何做好土壤和地下水苯胺样品净化？

传统的硅酸镁、硅胶、氧化铝等适用于非极性和弱极性化合物净化的正相填料对苯胺的净化效果不佳，故苯胺样品净化一直是个技术难题。

相比 HJ 822—2017 标准，规定使用硅酸镁填料柱净化苯胺样品，先后使用 50 ml 二氯甲烷 / 正己烷（50/50，v/v）、50 ml 异丙醇 / 正己烷（5/95，v/v）、50 ml 甲醇 / 正己烷（5/95，v/v）作为洗脱液，洗脱液量大，浓缩耗时且洗脱强度也大。HJ 1048—2019 标准从原理上更为合理，且操作简单，是一种较为科学的苯胺样品净化方法。其规定使用混合型阳离子交换固相萃取柱净化苯胺样品，先使用 5 ml 乙酸溶液、4 ml 甲醇溶液淋洗小柱去除柱中杂质，再使用 7.0 ml 氨水甲醇溶液洗脱目标物。

另外，因苯胺呈碱性，能与盐酸化合生成盐酸盐，可利用此性质，采用酸碱分配净化的原理对苯胺样品净化，即苯胺在酸性水溶液中形成水溶性更强的苯胺盐酸盐，利用苯胺盐酸盐在水中的分配系数大于在有机相中的分配系数的原理对苯胺净化。对于土壤和地下水样品基质简单、杂质干扰少的样品也可使用硅酸镁净化柱简单净化后进行分析，但需对不同品牌、型号的硅酸镁净化柱制作苯胺的洗脱曲线。

具体参考条文依据详见“附录 2 序号 25”。

Ⅲ 案例

图 53-1 给出了使用 1 g 装硅酸镁净化柱净化苯胺时，二氯甲烷作为洗脱溶剂的苯胺洗脱曲线，从图中可看出，虽然 12 ml 二氯甲烷基本能完全洗脱硅酸镁净化柱中的苯胺，但是洗脱曲线存在明显的拖尾现象，说明硅酸镁填料对苯胺有较强的保留能力，且二氯甲烷作为洗脱溶剂，洗脱溶剂极性较强，在洗脱苯胺的同时也会洗脱出部分杂质，故硅酸镁填料柱更适用于基质简单、杂质干扰少的样品。或使用硅酸镁填料柱对苯胺样品进行初步净化。

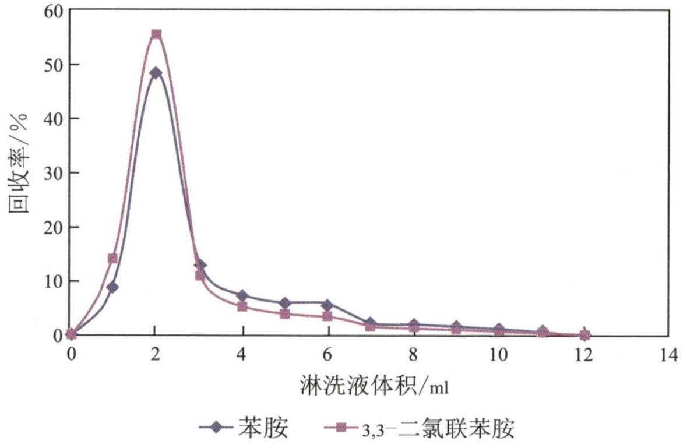

图 53-1　苯胺洗脱曲线（1 g 装硅酸镁净化柱，洗脱溶剂：二氯甲烷）

54

如何做好土壤和地下水苯胺样品仪器分析？

相关标准规定，可使用液相色谱－三重四极杆质谱法分析苯胺，并根据保留时间和特征离子对定性，内标法定量；也可使用气相色谱－质谱法分析苯胺，依据目标化合物的保留时间和特征离子定性，内标法定量。由于苯胺分子量较小，在使用液相色谱－三重四极杆质谱法分析时，容易引入杂质干扰。在使用气相色谱－质谱法分析时，苯胺容易与苯酚共流出，因苯酚定性离子与苯胺定性离子相同，苯酚与苯胺共流出时，会干扰苯胺的定性。故分析苯胺时，样品测试前首先分析苯酚与苯胺标准溶液排除苯酚的共流出干扰，当发现苯酚与苯胺共流出时可通过调整色谱升温程序或更换不同批次色谱柱使苯胺和苯酚实现基线分离；其次苯胺定性时应严格识别是否存在共流出干扰，防止假阳性判断；最后应注意内标对定量结果的影响。

推荐的苯胺气相色谱条件：进样模式为分流，分流比为 10∶1；进样口温度为 270 ℃；传输线温度为 300℃；流量控制模式为恒压；柱流量为 1.16 ml/min；色谱柱为 DB-5（30 m × 0.25 mm × 0.25 μm）；进样量为 1.0 μl；柱温为 70℃－保持 2 min-10℃／分 -300℃－保持 10 min；离子源温度为 230 ℃；扫描模式为 Sim 模式；质量数为 94、93、

92、66、65。

具体参考条文依据详见“附录 2 序号 26”。

Ⅲ 案例

相同色谱条件、不同批次同一类型色谱柱，图 54-1 给出了苯胺与苯酚共流出色谱图，图 54-2 给出了苯胺与苯酚基线分离色谱图，图 54-3 给出了苯胺与内标仪器响应值变

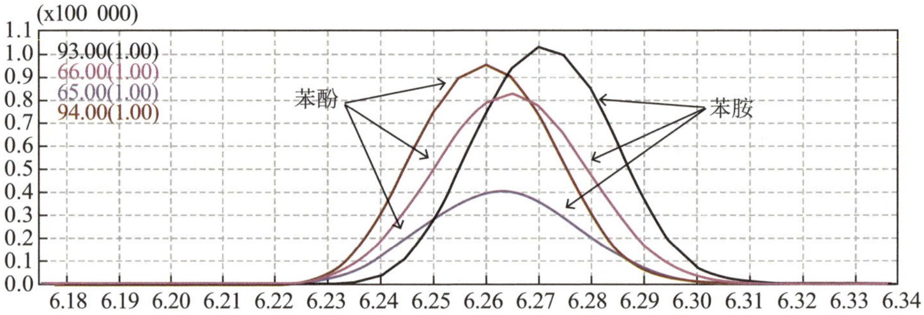

图 54-1　苯胺与苯酚共流出色谱

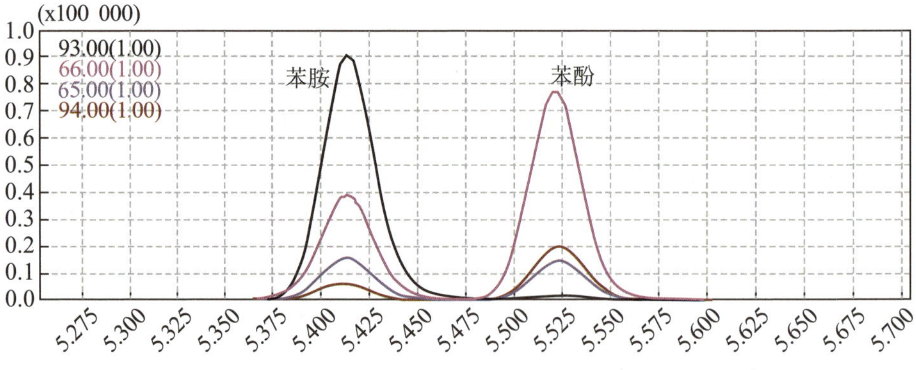

图 54-2　苯胺与苯酚基线分离色谱

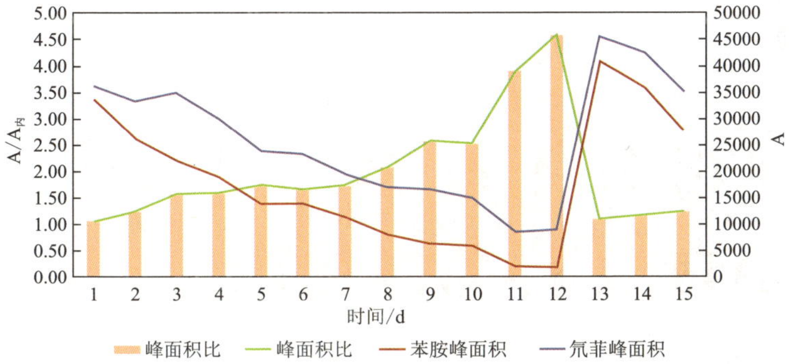

图 54-3　苯胺与内标仪器响应值变化趋势

化趋势图，从图 54-3 可看出，当使用氘菲作为内标时，随着进样次数的增多，苯胺与氘菲内标仪器响应值变化趋势不一致。

55

如何做好土壤多环芳烃（PAHs）样品净化？

多环芳烃的净化主要使用层析柱，其净化的原理主要是利用化合物与杂质极性的不同而分离杂质和目标物，样品中杂质和目标物同时被层析柱填料吸附，通过适当极性的溶剂洗脱层析柱，使目标物被洗脱液洗脱而杂质未被洗脱从而达到净化目的。

使用层析柱净化土壤多环芳烃（PAHs）样品的关键点是：（1）选择合适的净化填料；（2）选择合适的洗脱溶剂；（3）确定合适的洗脱体积。

具体参考条文依据详见“附录 2 序号 27”。

案例

图 55-1 给出了使用 1 g 装硅酸镁净化柱净化多环芳烃时，不同配比的二氯甲烷 - 正己烷混合溶液对多环芳烃的洗脱能力，随着洗脱溶剂中二氯甲烷含量增大，洗脱溶剂洗脱能力增强。当洗脱溶剂中二氯甲烷含量大于 20% 时，16 种多环芳烃均能完全被洗脱，但是随着二氯甲烷含量持续增大，样品杂质也会一起被洗脱，故选择既能把 16 种多环芳烃完

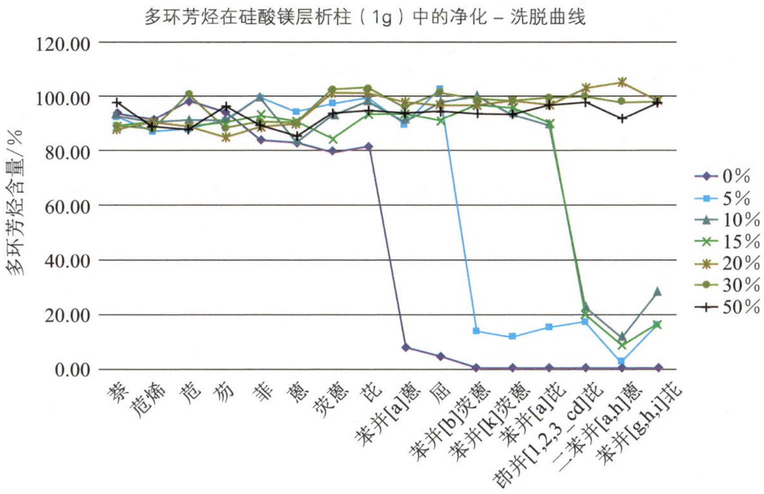

图 55-1　多环芳烃洗脱曲线

全洗脱而洗脱溶剂洗脱能力最小的溶剂体系，才能保障多环芳烃样品净化效果最佳。随着洗脱溶剂体积增加，杂质被同时洗脱的风险也被增大，故在把 16 种多环芳烃完全洗脱的基础上应尽可能减少洗脱溶剂体积。图 55-2 给出了使用 1 g

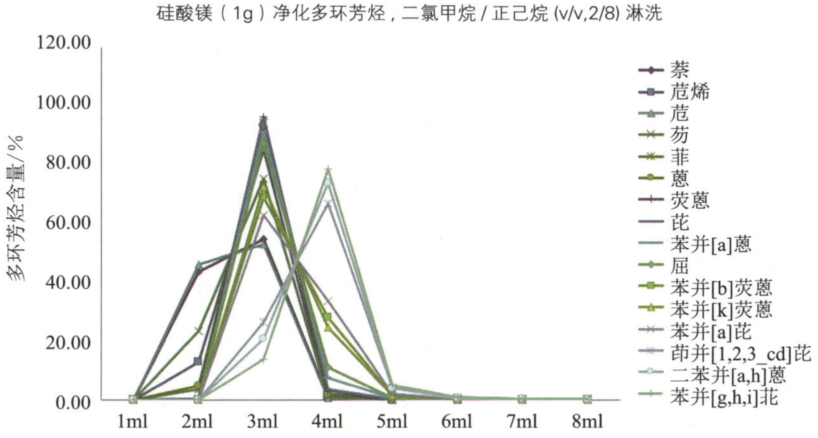

图 55-2　不同洗脱溶剂体系下多环芳烃回收率（其中 x% 指二氯甲烷与正己烷的体积比）

装硅酸镁净化柱净化多环芳烃，洗脱溶剂为正己烷/二氯甲烷（v/v，8:2）时的洗脱曲线。从图 55-2 可得出，当正己烷/二氯甲烷（v/v，8:2）混合溶液使用量达到 7 ml时，多环芳烃即可被完全洗脱。

56

如何做好多环芳烃（PAHs）样品仪器分析？

对于基质复杂、杂质干扰较为严重的土壤样品，建议使用气相色谱质谱法对多环芳烃进行分析，可通过选择离子方法采集数据进一步提高仪器灵敏度；对于基质单一、杂质干扰少的土壤样品，可以使用高效液相色谱法分析。

高效液相色谱法虽然灵敏度高，但在柱分离、色谱峰定性、定量等方面相较于气相色谱质谱法存在劣势。首先，高效液相色谱柱的柱容量低于气相色谱毛细管色谱柱柱容量，对杂质的分离能力较弱，故对样品的洁净度及净化要求更高；其次，高效液相色谱法只能使用保留时间对目标物定性，而气相色谱质谱法可以同时使用相对保留时间和碎片离子信息定性，气相色谱质谱法定性能力更强。最后，高效液相色谱法一般使用外标法定量，外标法定量计算时受溶剂定容体积、仪器进样波动等影响，而气相色谱质谱法可以使用同位素内标进行内标法定量，能够消除定容体积、仪器波动等造成的误差，定量更准确。

具体参考条文依据详见“附录 2 序号 28”。

案例

图 56-1 给出了使用高效液相色谱法和气相色谱质谱法

分别测定土壤中多环芳烃的色谱图，从图中可以看出，当土壤基质复杂、杂质干扰较为严重时，高效液相色谱法测定多环芳烃时，峰分离度差，准确定性、定量困难。使用气相色谱质谱法对同一个样品进行分析，峰分离度好，尤其苯并[*e*]芘和苯并[*a*]芘能实现基线分离，峰形较好，能准确定性、定量。

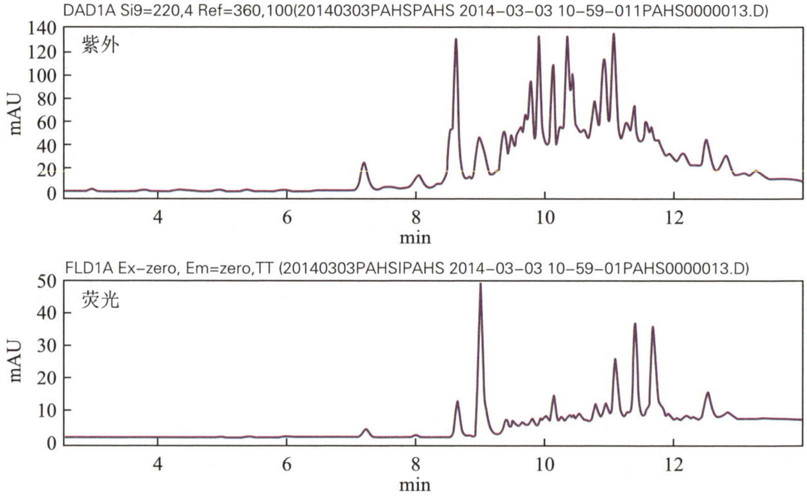

（a）多环芳烃高效液相色谱图

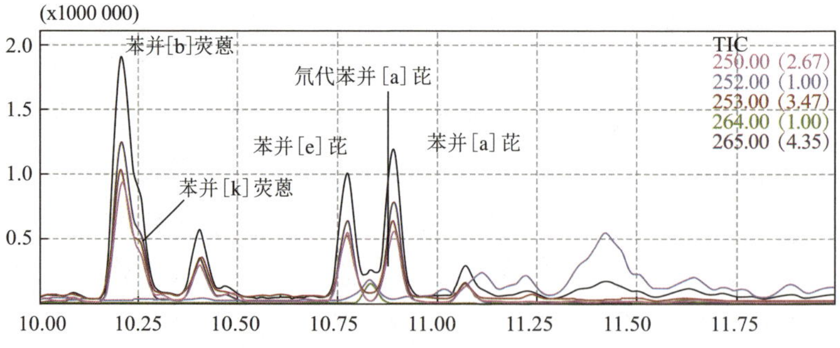

（b）多环芳烃气相色谱质谱 TIC 图

图 56-1　高效液相色谱法和气相色谱质谱法测定土壤中多环芳烃色谱图

57

如何做好土壤和地下水中邻苯二甲酸酯类化合物的分析？

邻苯二甲酸酯类化合物是一类广泛使用的增塑剂，普遍存在于各种塑料制品中。土壤和地下水中邻苯二甲酸酯类化合物分析时，最大的难点是控制实验室空白。故做好土壤和地下水中邻苯二甲酸酯类化合物分析的关键点是严格控制实验过程中引入的邻苯二甲酸酯类化合物的干扰。首先，实验过程应严禁使用塑料制品，实验相关耗材应尽量使用玻璃制品；其次，实验室环境应避免存放挤塑型泡沫、聚氯乙烯等塑料用品；再次，应尽量减少实验步骤，降低引入干扰的风险；最后，样品分析前应先分析实验室空白，通过监测实验室空白中邻苯二甲酸酯类化合物浓度水平来评估实验室环境和实验过程是否满足土壤和地下水中邻苯二甲酸酯类化合物分析的质控要求，当监测发现实验室空白过高时，应查找可能引入干扰的原因，直到实验室空白满足质控要求时方可开展样品测试。实验发现，参照《土壤和沉积物　6 种邻苯二甲酸酯类化合物的测定　气相色谱-质谱法》（HJ 1184—2021）和《水和废水监测分析方法（第四版增补版）》分别测试土壤和水中邻苯二甲酸酯类化合物，实验室空白较容易控制。土壤中邻苯二甲酸酯分析的具体操作过程为：称取适量样品，放入真空冷冻干燥仪中进行干燥脱水。干燥后的样品直接研磨、过筛。然后称取10 g（精确到0.01 g）样品，全部转移至锥形瓶中，加入100 ~ 200 μl替代物使用液，再加入20.0 ml乙酸乙酯，放置30 min。设置水平振荡器振荡频率为150 r/min，振幅为20 mm，提取20 min。提取完成后将溶液全部转移至离心管，将离心管移至离心机，设置转速为2 000 r/min，离心3 min。移取上清液1.0 ml至进样瓶中，用进样针移取5.0 μl内标使用液加入样品瓶中，混匀后，待测。水中邻苯二甲酸酯具体操作过程为：摇匀水样后，量取95.0 ml于100 ml容量瓶，加入一定量（0.5~1.0 μg）氘代邻苯二甲酸酯标准溶液，轻摇水样使内标与水样充分混匀，加入正己烷5.0 ml，振荡萃取5 min，静置60 min后，取上层萃取液1.0 ml转入进样瓶，待GC-MS分析。

具体参考条文依据详见“附录2序号29”。

Ⅲ 案例

某实验室参照《土壤和沉积物 半挥发性有机物的测定 气相色谱－质谱法》（HJ 834—2017）采用加压流体萃取仪分析土壤中邻苯二甲酸酯类化合物。其中邻苯二甲酸二正丁酯实验室空白较高，主要原因为加压流体萃取仪管路引入的干扰。因此，严格控制实验过程，避免引入邻苯二甲酸酯类化合物干扰对结果准确性很重要。

58

如何做好土壤多氯联苯混合物的测定？

多氯联苯（PCBs）同系物多达209种，对其全部单体进行检测成本太高，故在一般情况下，选择指示性多氯联苯和具有二噁英类似毒性的共平面多氯联苯作为监测目标物，以表征多氯联苯的污染状况和毒性含量。

需要指出，指示性多氯联苯和共平面多氯联苯仅代表多氯联苯污染的部分含量水平，而一些具有明显多氯联苯工业品污染特征的土壤样品则需对多氯联苯总量进行评价。多氯联苯混合物的测定方法可参考HJ 890—2017。该方法土壤中的多氯联苯用有机溶剂提取，提取液经浓硫酸、硅胶柱净化，浓缩定容后用气相色谱分离，电子捕获检测器检测。通过样品色谱峰的保留时间和峰形与标准样品比对定性，选择5~10个特征识别峰，用外标法定量。

如何做好土壤中多氯联苯混合物的测定，有以下关键点：

（1）明确多氯联苯混合物测定是一种总量测定方法，需依据标准溶液的谱图特征与样品谱图特征的吻合程度进行定性；

（2）测定方法为气相色谱电子捕获检测器法，一些具有电负性的杂质会干扰多氯联苯定性、定量，故样品净化应彻底；

（3）选择一组特征识别峰进行定量时，尽可能在 PCBs 同系物出峰时段的前、中、后区域选取不同氯含量的色谱峰，特征识别峰应尽量体现多氯联苯的谱图特异性，数量以 5~10 个为宜，土壤中可能存在的 DDE 和 DDD 会干扰定量，在选择特征识别峰时需避开这些化合物的出峰时间；

（4）样品中应完全含有所选特征峰，且特征峰间峰面积比例应基本一致。

基于上述关键点，分析土壤中多氯联苯混合物时，首先样品提取后，提取液应使用浓硫酸和层析柱净化，确保最大限度地去除样品杂质干扰，且使用正己烷作为层析柱洗脱溶剂，保证洗脱杂质少。其次，配制 0.5 μg/ml 浓度的 PCB1221、PCB1242、PCB1248、PCB1254 和 PCB1260 等标准物质，与样品在同一色谱条件下分别进样分析得到各标准溶液色谱图，将样品色谱图与上述各标准溶液色谱图逐一比对，依据谱图指纹特征，判断 PCBs 的污染类型。依据判断结果选择对应污染类型的标准溶液制作校准曲线对样品定量分析，定量时在同系物出峰时段的前、中、后区域选取 5~10 个不同氯含量的色谱峰，以特征识别峰面积之和与对应浓度制作校准曲线。对于复合污染的样品，如 PCB1221 与 PCB1260 复合污染，需配制 PCB1221 与 PCB1260 复合标准溶液进行定量，复合标准溶液中 PCB1221 与 PCB1260 的峰面积比例应与样品中比例大致相同。

具体参考条文依据详见“附录 2 序号 30”。

Ⅲ 案例

图 58-1 给出了 PCB1221、PCB1242、PCB1248、PCB1254 和 PCB1260 标准溶液的标准物质气相色谱图。

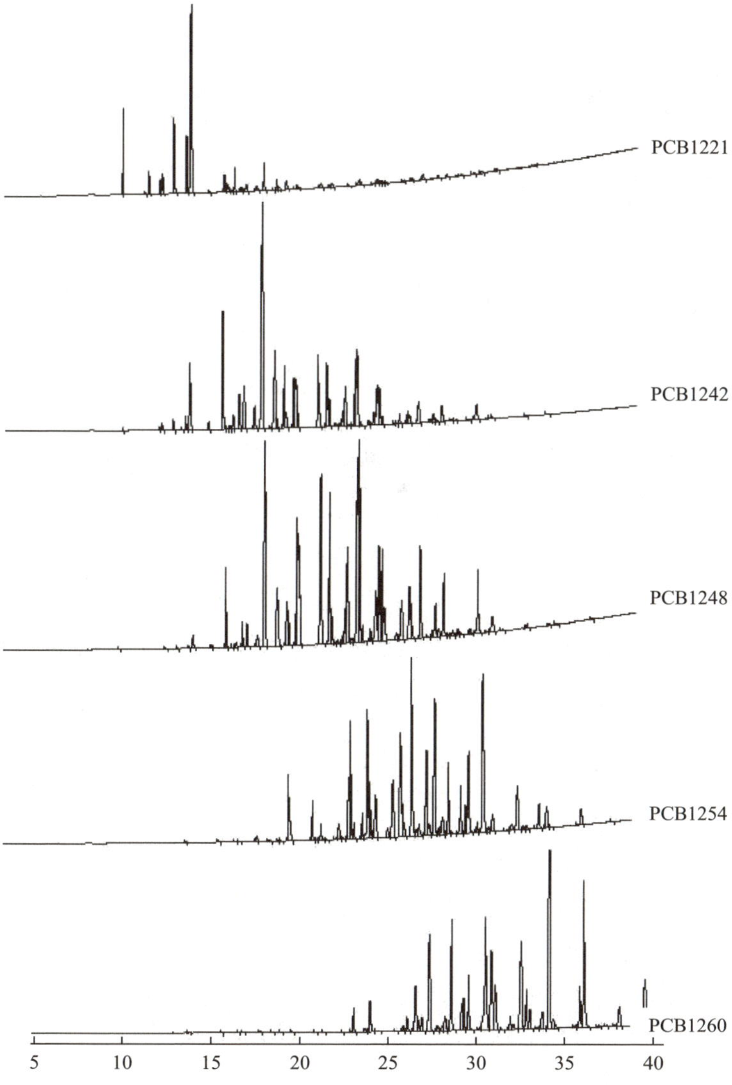

图 58-1 PCB1221、PCB1242、PCB1248、PCB1254 和 PCB1260 标准溶液气相色谱图（引自 HJ 890—2017 土壤和沉积物多氯联苯混合物的测定气相色谱法）

59

如何做好土壤中半挥发性有机物方法验证？

半挥发性有机物方法验证可遵循以下步骤：

首先，需确保实验室环境和检测仪器满足要求。

其次，依据标准 HJ 168—2020 要求，计算土壤中半挥发性有机物的方法检出限。按照样品分析的全部步骤，重复 n（$n \geqslant 7$）次空白试验，将各测定结果换算为样品中的浓度或含量，计算 n 次平行测定的标准偏差，按式（A.1）计算方法检出限。测定下限为 4 倍方法检出限。

$$MDL=t_{(n-1,0.99)} \times S \quad \text{（A.1）}$$

式中：MDL——方法检出限；

n——样品的平行测定次数；

t——自由度为 $n-1$，置信度为 99% 时的 t 分布；

S——n 次平行测定的标准偏差。

其中，当自由度为 $n-1$，置信度为 99% 时的 t 值可参考表 59-1 取值。

表 59-1　*t* 值

平行测定次数（n）	自由度（n−1）	$t_{(n-1,0.99)}$
7	6	3.143
8	7	2.998
9	8	2.896
10	9	2.821
11	10	2.764
16	15	2.602
21	20	2.528

如果空白试验的测定值过高，或变动较大时，无法计算检出限。检出限计算以下述条件为前提：任意测定值之间可允许的差异范围为“空白试验测定值的均值（估计检出限的 1/2）”以内。若空白试验中未检测出目标物质，按照样品分析的全部步骤，对浓度值或含量为估计方法检出限值 3～5 倍的样品进行 n（$n \geq 7$）次平行测定。计算 n 次平行测定的标准偏差，按式（A.1）计算方法检出限。

MDL 值计算出来后，需判断其合理性。一般要求至少有 50% 的被分析物样品浓度在 3~5 倍计算出的方法检出限的范围内，同时，至少 90% 的被分析物样品浓度在 1~10 倍计算出的方法检出限的范围内，其余不多于 10% 的被分析物样品浓度不应超过 20 倍计算出的方法检出限。若满足上述条件，说明用于测定 *MDL* 的初次样品浓度比较合适。对于初次加标样品测定平均值与 *MDL* 比值不为 3~5 的化合物，要增加或减少浓度，重新平行分析，直至比值为 3~5。选择比值应为 3~5 的 *MDL* 作为该化合物的 *MDL*。

再次，依据相应分析方法标准的要求，分别进行高（校准曲线线性范围上限 90% 附近的浓度或含量）、中（校准曲线中间点附近浓度或含量）、低（测定下限附近的浓度或含量）3 个不同浓度的有证土壤标准物质或

3个不同浓度的实际样品基体加标试验，按全程序每个样品至少平行测定6次，验证方法的精密度及正确度。又次，依据实验数据统计，结合相应标准质控要求，提出包含空白、平行样偏差范围、基质加标回收率、替代物回收率、校准曲线线性范围、线性相关系数、曲线中间点校准等质控要求。最后，依据需求，计算各目标物的测量不确定度。

具体参考条文依据详见“附录2序号31”。

III 案例：以《土壤和沉积物 多环芳烃的测定 气相色谱-质谱法》（HJ 805—2016）中的方法验证为例

首先，按标准推荐色谱质谱条件设置好仪器条件，配制浓度为0.1 μg/ml的多环芳烃标准溶液上机分析，通过0.1 μg/ml标准溶液谱图计算3倍信噪比对应的多环芳烃浓度作为仪器检出限，以4倍仪器检出限折合样品取样量后为估计的方法检出限。其次，按标准要求开展7次实验室空白平行试验，对空白中检出的化合物按式（A.1）计算方法检出限；对空白中未检出的化合物，在空白中添加3~5倍上述估计方法检出限的标准溶液，按标准要求开展7次空白加标平行试验，并按式（A.1）计算方法检出限。统计检出限结果，检查是否满足50%的被分析物样品浓度在3~5倍计算出的方法检出限的范围内，同时，至少90%的被分析物样品浓度在1~10倍计算出的方法检出限的范围内，其余不多于10%的被分析物样品浓度不应超过20倍计算出的方法检出限。若不满足，查看化合物仪器响应值，若响应值很大，则一般情况是化合物浓度添加过大造成，适当减小化合物添加浓度再次分析，若化合物响应值较小，则一般情况是化合物浓度添加过小造成，适当增大添加浓度再次分析，直至满足要求。再次，依据标准推荐，结合实验室仪器灵敏度具体情况，配制不同浓度梯度校准溶液并分析，得出满足标准线性相关系数的校准曲线范围。开展高（校准曲线线性范围上限 90% 附近的浓度或含量）、中（校准曲线中间点附近浓度或含量）、低（测定下限附近的浓度或含量）3 个不同浓度的有证土壤标准物质或 3 个不同浓度的实际样品基体加标 yayaa 试验，如加标浓度为 0.01 mg/kg、0.10 mg/kg 和 1.00 mg/kg。按全程序每个样品平行测定 6 次，分别计算各类型样品中各浓度或含量样品测定的平均值、标准偏差、相对标准偏差等参数。最后，依据实验环境、人员、操作过程、数据统计，撰写土壤中多环芳烃测定的全程序操作规程及实验室方法验证报告。

60

土壤重金属污染物分析方法怎么选？

土壤重金属污染物分析方法在多个技术文件中均有涉及，如《土壤和沉积物　12 种金属元素的测定　王水提取－电感耦合等离子体质谱法》《全国土壤污染状况详查土壤样品分析测试方法技术规定》以及现行标准 GB 36600—2018 与 GB 15618—2018 等。

有关指标检测方法选择建议按照 GB 36600—2018 的表 3 和 GB 15618—2018 的表 4 执行。也可采用《土壤和沉积物　12 种金属元素的测定　王水提取 - 电感耦合等离子体质谱法》。《全国土壤污染状况详查土壤样品分析测试方法技术规定》作为专项工作的技术规定，非环境标准技术文件，不建议采用。

六

采样方法和程序

61

如何选择适当的土壤污染状况调查采样工具？

土壤污染状况调查采样工具种类多样，具体使用可参考表 61-1 有关信息，结合实际情况选择。

表 61-1　常用钻探方法优缺点及对土层的适用性

钻探方法	优点	缺点	适合土层				
			黏性土	粉土	砂土	碎石、卵砾石	岩石
手工钻探	(1)可用于地层校验和采集一定深度的土壤样品;(2)适用于松散的人工堆积层和第四纪的粉土、黏性土地层，即不含大块碎石等障碍物的地层;(3)适用于机械难以进入的采样区域	(1)采用人工操作，最大钻探深度一般不超过5 m，受地层的坚硬程度和人为因素影响较大，当有碎石等障碍物存在时，很难继续钻进;(2)由于杂物可能掉进钻探孔中，易导致土壤样品交叉污染;(3)只能获得体积较小的土壤样品	适用	适用	不适用	不适用	不适用

续表

钻探方法	优点	缺点	适合土层				
			黏性土	粉土	砂土	碎石、卵砾石	岩石
冲击钻探	（1）钻探深度可达 30 m;（2）对人员健康安全和地面环境影响较小；（3）钻探过程无需添加水或泥浆等冲洗介质;（4）适用于采集多类型样品，包括污染物分析试样、土工试验样品、地下水试样，还可用于地下水监测井建设	（1）对地层的感性认识不够直观；（2）需要处置从钻孔中钻探出来的多余土壤	适用	适用	适用	部分适用	不适用
直压式钻探	（1）适用于均质地层，典型采样深度为 6~7.5 m;（2）钻探过程无需添加水或泥浆等冲洗介质	（1）对操作人员技术要求较高；（2）不可用于坚硬岩层、卵石层和流砂地层；（3）典型钻孔直径为 3.5~7.5 cm，对于建设监测井的钻孔需进行扩孔	适用	适用	适用	不适用	不适用

62

如何确定采样程序？

采样程序包括采样工作准备、钻探、土壤样品采集、建井、洗井、地下水/土壤气样品采集、样品保存、样品流转等，具体采样程序见图62-1。

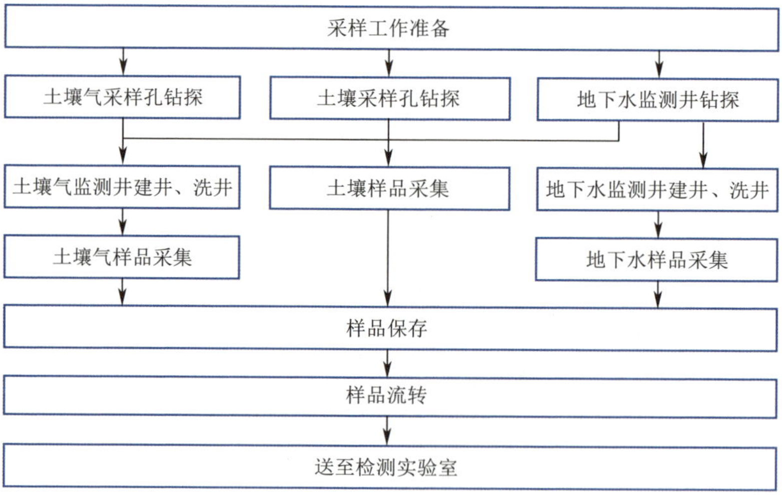

图 62-1　采样程序

在样品采集过程中，应优先采集用于检测 VOCs 的样品。

（1）工作准备

采样准备包括三部分内容：

①钻探前准备

a. 安全培训（包括企业安全培训、钻探单位安全培训）。

b. 采样前技术交底。

c. 采样点定位、地下管线探测。

②钻探准备

需要确定钻机型号、数量、岩芯箱、钻探记录单等。

③采样准备

a. 采样工具。卷尺、记号笔、采样记录单、采样手柄、采样管、竹制采样铲、不锈钢采样铲、低流量潜水泵或蠕动泵、贝勒管、VOCs 采样瓶、SVOCs 采样瓶、地下水采样瓶、垃圾箱、废液桶、一次性台布、自封袋、样品保温箱、蓝冰等。

b. 便携式检测仪器。便携式挥发性有机物检测仪（PID）、便携式重金属检测仪（XRF）、便携式水质多参数仪、测尺、油水界面仪等。

c. 地下水监测井建井材料。石英砂、膨润土球、水泥、过滤管（PVC 或不锈钢）、实管（PVC 或不锈钢）、管堵、管件等。

d. 个人防护。安全帽、一次性手套、口罩、安全警示绳等。

（2）土壤样品采集

土壤样品采集可参照《地块土壤和地下水中挥发性有机物采样技术导则》（HJ 1019—2019）中 5.3 样品采集执行；但在报告编写过程中，需要根据项目实施过程中具体的采样工具、采样流程对土壤样品采集的过程与质量保证措施进行描述。

（3）地下水监测井洗井与地下水样品采集

地下水监测井洗井包括成井洗井与采样前洗井。洗井需严格按照导则的要求执行，洗井过程中需要拍照、详细记录洗井时间、洗井方式、洗井水量、洗井废水的收集情况、水质指标监测结果等，并在报告正文或附件中体现洗井情况。

地下水样品采集可参照《地块土壤和地下水中挥发性有机物采样技术导则》（HJ 1019—2019）中 6.2 样品采集执行；一般情况下采样深度应在监测井水面 0.5 m 以下。对于低密度非水溶性有机物污染，监测点位应设置在含水层顶部；对于高密度非水溶性有机污染物，监测点位应设置在含水层底部和不透水层顶部。

但在报告编写过程中，需要根据项目实施过程中具体的采样工具、采样流程、采样量、采样记录单、采样照片、样品保存方式等对地下水样品采集的过程与质量保证措施进行描述。

（4）土壤气建井与样品采集

可利用土壤采样过程形成的钻孔进行土壤气采样，土壤气探头的埋设深度应结合污染物埋深及土壤岩性确定，且应将土壤气探头埋设在现场挥发性有机物便携检测设备读数及土壤和地下水样品检测结果较高的位置。现场施工过程中应记录土壤气监测井成井结构图，并作为报告附件。

气体监测井采样前进行气密性测试，气密性测试过程中相关参数应记录成册并作为调查报告的技术附件；正式采样前，需对土壤气监测井进行洗井，洗井与采样的现场记录（温度、压力、湿度、采用流速，采样体积、风向等现场气相参数）、样品保存方式、样品流转记录单等作为报告附件。

63

对池塘等进行调查的方法有哪些？

在场地土壤污染状况调查中，对池塘、湖泊、河道等的调查是一个难点。调查工作要查明其深度、水质、水量及底部状况。为了提高工作效率，一般采用无人船通过船载测量系统开展水深测量、取样工作，测量系统主要由数字测深仪、姿态传感器、GPS 接收机及距离传感器等多种精密传感器组成。系统采用 GPS-RTK 动态差分定位，通过基站接收 GPS 卫星信号并将差分数据发送给无人船上安装的接收机，实现实时定位功能，水深测量装置由船上的数字双频测深仪完成，主要是利用超声波穿透介质，并在不同介质表面产生反射，通过换能器发射超声波，测出发射波与反射波之间的时间差来量测水深。在测量过程中受风和水流影响造成船体的摆动会改变测量船姿态，利用船体的姿态传感器对采集的水深数据进行修正，消除换能器采集的水深数据与 GPS 接收机平面数据不匹配产生离散的问题，确保测量数据真实可靠。一般基于 Bootstrap 小子样方法对测量取得的数据进行分析评估。

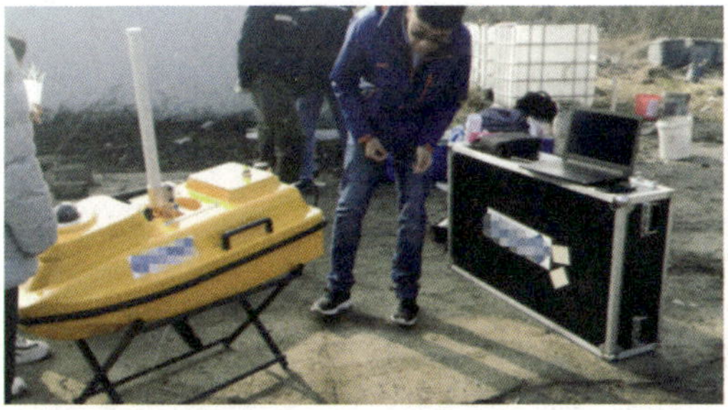

图 63-1 设备组装

图 63-2 设备调试

图 63-3 现场测量

图 63-4 数据分析

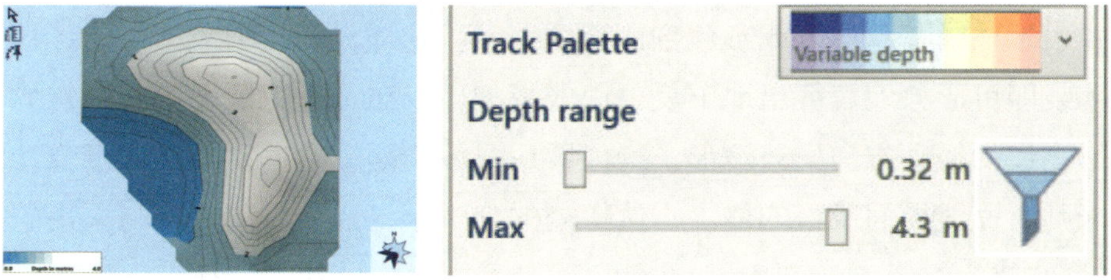

图 63-5 池塘等深线及深度

64

地下填埋物的地球物理探测方法有哪些?

常用的地下填埋物的地球物理探测方法为探地雷达法和高密度电法。

（1）探地雷达法

探地雷达法是利用高频电磁波（主频为 106~109 Hz 或更高）以宽频带短脉冲形式由地面通过发射天线送入介质内部，经目标体的反射后回到表面，由接收天线接收回波信号，如图 64-1 所示。电磁波在介质中传播时，其路径、电磁场强度及波形随所通过介质的电性性质及物性体界面几何形态而变化，根据接收的反射回波的双程走时、幅度、相位等信息，对介质的内部结构进行判断。根据所测精确时间 t 值和已知介质中波速 v，求出目标深度。

雷达图像剖面图常以脉冲反射波的波形形式记录。波形用变面积形式表示，或者以灰度或彩色剖面形式表示。这样，同相轴或等灰线、等色线即可形象地表征出地下反射面或目的体。在波形记录图上各测点均以测线的铅垂方向记录波形，构成雷达成像剖面。根据雷达剖面图像，来判断反射界面或目的体。雷达探测的分辨率、最大探测深度与采用的

图 64-1 雷达原理

天线中心频率有密切关系，频率越高，检测的分辨率越高，而穿透深度也越浅。根据探测目标深度不同，选用不同频率的天线。

（2）高密度电法

电法仪采用电阻率法进行探测。物理上“电阻率”用来表征物质的导电性，是介质重要的电学参数，它表示物体不同的导电特性。电阻率法是以介质的导电性差异为基础，通过观测和研究地下人工稳定电流场的空间分布规律，达到勘查目的的一组电法勘探方法。

检测装置采用温纳。这种装置使用四个电极，其中两个电极作为供电电极，另外两个作为测量电极。测量时，两个供电电极 *A*、*B* 向地下供电，同时在测量电极 *MN* 间观察电位差（ΔU_{MN}），根据测量值计算视电阻率。温纳装置两个供电电极与相邻测量电极的距离相等，并且等于两个测量电极之间的距离，即 $AM=NB=MN$，如图 64-2 所示。

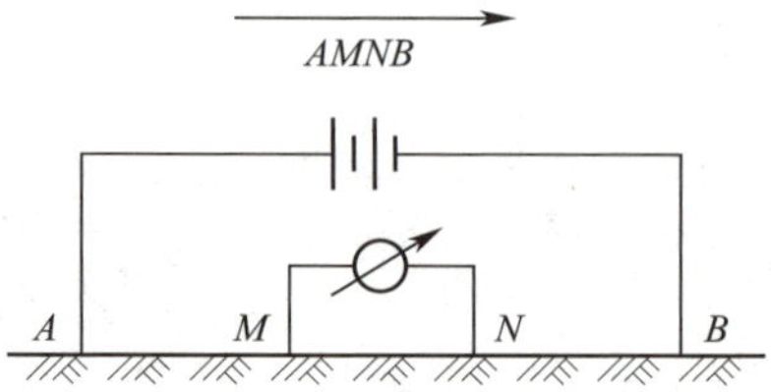

图 64-2　高密度装置示意

Ⅲ　案例：通过雷达探测场地埋藏目标体特征并识别其分布特征

某场地疑似废物填埋，共布设高密度电阻率法测线 9 条，极距 1 m，测线布置见图 64-3，测线位置见图 64-4。采集装置采用 schlumberger 装置，采集层数为 23 层。

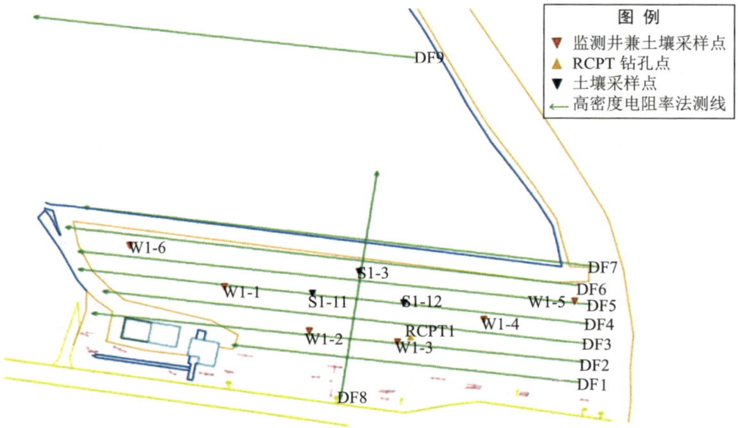

图 64-3　测线布置

图 64-4　测线位置

场地地层的电阻率剖面特征如图 64-5 所示。

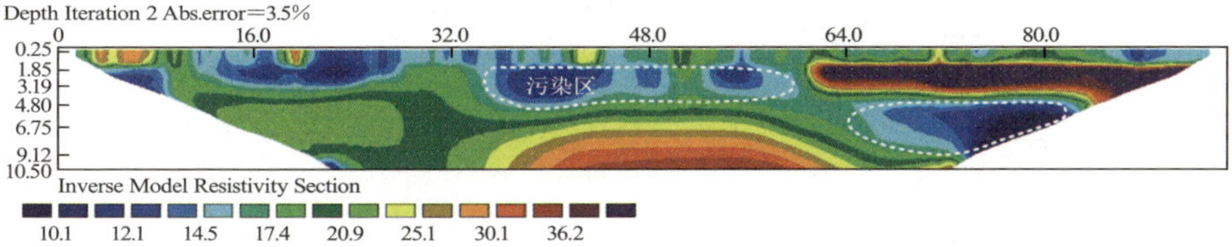

图 64-5　场地地层的电阻率剖面

结论：探测场地电性层分为3层：第一层电性整体呈现次高阻特征，不同位置电阻率变化较大，厚度约为1.5 m，对应地质编录的砂质粉土层；第二层呈现低阻特征，厚度约为4 m，对应地质编录的粉质黏土层的第①～③亚层。污染物主要赋存于探测区地下2~6 m范围，位于高密度电阻率剖面中第二层低阻区，大致呈矩形分布，区内污染程度由北到南逐步加重，如图64-6所示。

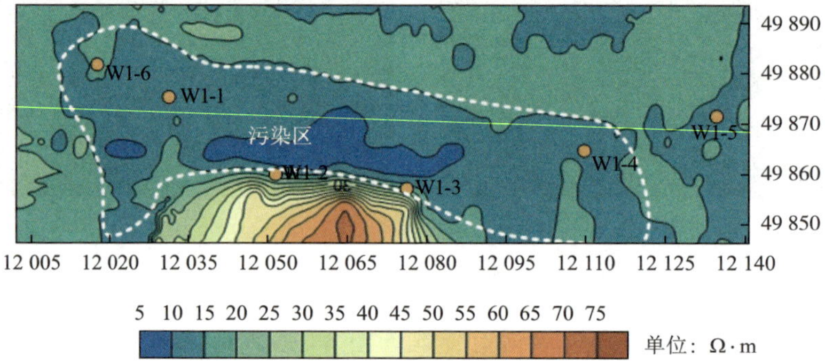

图64-6　场地地层污染分布

65

如何正确采集和保存底泥样品？

底泥采样分为表层采样和柱状采样。一般与水质调查同步进行。采集表层底泥的工具有蚌式采泥器、三角筒采泥器和柱状采样器。

（1）样品采集

柱状采样器在底泥采样工作中适用范围广、采样成品率高、样品完整性好，操作简便灵活，推荐使用。作为一款高频率的轻便水下沉积物取样器，适用于水深 30 m 以内的滩涂、江、河、湖、海等水域水底致密沉积物（可用于纯砂、铁板砂和硬黏土等采样）柱状取样。采样深度：0~2 m，连接杆长： 10 m，取样直径： 90 mm，机器重量： 5 kg，作业水深： 20 m。

（2）样品的处理及保存

将一部分湿样装入 150 ml 的广口瓶中，加入少量 10% 乙酸锌，放入冰箱保存，以备分析硫化物。

一部分试样盛入 500 ml 广口瓶或塑料袋中，置于冰箱内，以备其他污染物分析之用。

将湿样放于搪瓷盘中，在室内常温下风干或放入 40~60℃恒温箱中烘干，冷却后，磨碎，装入广口玻璃瓶中作分析用。

当样品不能立即进行分析时，可风干储存：用离心机或滤纸过滤脱水，脱水后的样品放入搪瓷盘或玻璃瓶中铺成薄层，置于通风处风干。风干样品，先用硬木棍碾碎，然后用玛瑙研钵研细，过 100 目尼龙筛，置于事先编号的广口瓶中备用。

柱状样品，用不锈钢刀按 10 cm 长切成削段，将样柱表面刮去，并沿纵向剖成 3 份，按表层样的相应方法处理。

66

现场采样情况总结都包括哪些内容？

现场采样情况总结建议的时间线中，建议明确进场采样时间、样品流转时间、样品接收与检测时间、样品出报告的时间。

其他总结内容包括：

（1）勘查采样单位，其资质与勘查采样报告作为报告附件。

（2）完成土壤采样点与地下水监测井兼土壤采样点的数量、总进尺，采集的土壤样品数、地下水样品数量、土壤气样品数量等，每个采样点的坐标、在地块平面图上的位置、高程、采集深度、对应的地层岩性、采集样品的分析项目等在正文中以列表的形式体现。

（3）地下水监测井兼土壤采样点的坐标、地面高程、井口高程、水位埋深、水位高程、采样样品的分析项目等在正文中以列表的形式体现。

（4）土壤气监测井的坐标、地面高程，采集土壤气的气温、气压、采集速率、采集体积等在正文以列表的形式体现。

67

采样质量控制措施都包括哪些？

采样质量控制措施包括以下五点：平行样、空白样的设置；土壤钻探、采样过程的质量控制；地下水建井与采样质量控制措施；土壤气建井与采样质量控制措施；样品保存与运输过程的质量控制。以下是具体分析：

（1）平行样、空白样的设置

土壤或地下水样品均应设置平行样，平行样的数量不低于土壤或地下水样品总数的 10%。每批次送检样品设置不少于 1 个现场空白和 1 个运输空白样，应按不低于 5% 的比例采集设备清洗空白样。

每批次土壤或地下水样品均应采集 1 个全程序空白样。采样前在实验室将 5 ml 或 10 ml 甲醇（土壤样品）或将二次蒸馏水或通过纯水设备制备的水作为空白试剂水（地下水样品）放入 40 ml 土壤样品瓶或地下水样品瓶中密封，将其带到现场。与采样的样品瓶同时开盖和密封，随样品运回实验室，按与样品相同的分析步骤进行处理和测定，用于检查样品采集到分析全过程是否受到污染。

每批次土壤或地下水样品均应采集 1 个运输空白样。采样前在实验室将 5 ml 或 10 ml 甲醇（土壤样品）或将二次蒸馏水或通过纯水设备制备的水作为空白试剂水（地下水样品）放入 40 ml 土壤样品瓶或地下水样品瓶中密封，将其带到现场。采样时不开封，之后随样品运回实验室，按与样品相同的分析步骤进行实验,用于检查样品运输过程中是否受到污染。

每批次地下水样品应采集 1 个设备空白样。采样前从实验室将二次蒸馏水或通过纯水设备制备的水作为空白试剂水带到现场，使用适量空白试剂水浸泡清洁后的采样设备、管线，尽快收集浸泡后的水样，放入地下水样品瓶中密封，随样品运回实验室，按与样品相同的分析步骤进行处理和测定，用于检查采样设备是否受到污染。设备空白样一般应在完成潜在污染较重的监测井地下水采样之后采集。

（2）土壤钻探、采样过程的质量控制

建议如下：

①采样前后应对采样器进行除污和清洗，不同土壤样品采集应更换手套、采样器，避免交叉污染。

②用于检测 VOCs 的土壤样品应单独采集，不允许对样品进行均质化处理，也不得采集混合样。

③取土器将柱状的钻探岩芯取出后，先采集用于检测 VOCs 的土壤样品，具体流程和要求如下：用刮刀剔除至少 1~2 cm 表层土壤，在新的土壤切面处快速采集样品。针对检测 VOCs 的土壤样品，应用非扰动采样器采集不少于 5 g 原状岩芯的土壤样品推入加有 10 mL 醇（色谱级或农残级）保护剂的 40 mL 棕色样品瓶内，推入时将样品瓶略微倾斜，防止保护剂溅出。

④用于检测含水率、重金属、SVOCs 等指标的土壤样品，用采样铲将土壤转移至广口样品瓶内并装满填实。采样过程应剔除石块等杂质，保持采样瓶口螺纹清洁以防止密封不严。

⑤土壤采样完成后，样品瓶需用泡沫塑料袋包裹，随即放入现场带有冷冻蓝冰的样品箱内临时保存。

（3）地下水建井与采样质量控制措施

地下水采样井井管应选择坚固、耐腐蚀、不会对地下水水质造成污染的材料。

井管连接可采用螺纹或卡扣连接，应避免使用黏合剂，避免连接处发生渗漏。

成井洗井：地下水采样井建成至少 8 h 后（待井内的填料得到充分养护、稳定后）。洗井时一般控制流速不超过 100~500 ml/min。

采样洗井应避免对井内水体产生气提、气曝等扰动。

采样洗井：泵体进水口应置于水面下 1.0 m 左右，抽水速率应不大于 100 ml/min，洗井过程中应测定地下水位，确保水位下降小于 10 cm。若洗井过程中水位下降超过 10 cm，则需要适当调低气囊泵或低流量潜水泵的洗井流速。若采用贝勒管洗井，贝勒管汲水位置为井管底部，控制贝勒管缓慢下降和上升。

地下水样品采集应先采集用于检测 VOCs 的水样，然后再采集用于检测其他水质指标的水样。

对未添加保护剂的样品瓶，地下水采样前需用待采集水样润洗 2~3 次。

采集检测 VOCs 水样时，优先采用气囊泵或低流量潜水泵，控制采样水流速度不高于 100 ml/min。

使用低流量潜水泵采样时，应将采样管出水口靠近样品瓶中下部，使水样沿瓶壁缓缓流入瓶中，过程中避免出水口接触液面，直至在瓶口形成一向上弯月面，旋紧瓶盖，避免采样瓶中存在顶空和气泡。

使用贝勒管采集地下水样品时，应缓慢沉降或提升贝勒管。取出后，通过调节贝勒管下端出水阀或低流量控制器，使水样沿瓶壁缓缓流入瓶中，直至在瓶口形成一向上弯月面，旋紧瓶盖，避免采样瓶中存在顶空和气泡。

（4）土壤气建井与采样质量控制措施

土壤气探头可用割缝管或开孔管制作，探头长度不应大于 20 cm，直径可根据钻孔直径确定，建议不大于 5 cm，应由惰性材质组成。

探头周围应埋设一定厚度的石英砂滤料，滤料的直径应根据探头割缝宽度或开孔直径确定，滤料装填高度应高出探头上沿不小于 10 cm。

滤料之上应填厚度不小于 30 cm 的干膨润土，干膨润土之上填膨润土泥浆。

成井洗井过程中，应在抽气泵的排气口连接便携式气体检测仪（如便携式挥发性气体检测仪、$O_2/CO_2/CH_4$ 便携式分析仪等），待连续 3 天的读数稳定后成井洗井结束。

土壤气现场采样的质量控制除应严格遵照本导则对气密性检测、洗井及采样的技术要求外，还应在同一个土壤气监测点采集平行样，数量不应低于样品总量的 10%。每次采样过程中还应分别设置不少于 1 个现场空白样、设备空白以及运输空白样。每次采集土壤气同时还应采集不少于 1 个大气样。如采样区域相隔较远，应在每个相对集中的区域分别采集不少于 1 个大气样品。现场利用柴油发电机给相关采样设备供电，现场大气样品的采集应远离柴油发电机并处于其上风向位置。

（5）样品保存与运输过程的质量控制

装有土壤样品的样品瓶均应单独密封在密封袋中，避免交叉污染。用合适的方法保存样品，留意保存时间，并拍照记录样品的保存情况。具体信息可参考 HJ/T 166—2004、《地下水环境监测技术规范》（HJ 164—2020）。

在样品运输前，逐件核对采样现场样品与样品登记表、样品标签和采样记录，核对无误后分类装箱，并确保样品箱内温度低于 4℃。

68

现场测绘工作的内容包括哪些?

现场测绘需要找专业的测量单位，对钻探采样点的坐标、高程进行测量，目前按系统要求，需按 2000 坐标系测量坐标；涉及地下水监测井兼土壤采样点的点位，需要测量地面高程、井口高程等。

69

如何做好样品的保存、运输与流转？

做好样品的保存、运输与转流，可以从样品保存、样品运输转流两个方面着手。

（1）样品保存

对于易分解或易挥发等不稳定组分的样品，要采取低温保存的运输方法，尽快送到实验室分析测试。测试项目需要新鲜样品的土样，采集后用可密封的聚乙烯或玻璃容器在4℃以下避光保存，样品要充满容器。同时，应避免用含有待测组分或对测试有干扰的材料制成的容器盛装保存样品，比如有机污染物用的土壤样品要选用玻璃容器保存。

（2）样品的运输流转

①装运前核对

在采样现场样品必须逐件与样品登记表、样品标签和采样记录进行核对，核对无误后分类装箱。

②运输中防损

运输过程中严防样品的损失、混淆和沾污。对光敏感的样品应有避光外包装。

③样品交接

由专人将土壤样品送到实验室，送样者和接样者双方同时清点核实样品，并在样品交接单上签字确认，样品交接单由双方各存一份备查。

具体参考条文依据详见“附录 2 序号 32”。

70 如何做好采样过程中二次污染防治措施？

土壤采样过程中产生的剩余土壤应妥善处置，土壤孔采用膨润土球或红黏土进行封孔，封填至现状地表标高，并倒入少量的清洁水，使膨润土或红黏土膨胀并起到密封作用。

地下水监测井建井过程中，应根据地层条件确定设计好监测井结构，通常井管的最底层应设置沉淀管，长度不小于 0.5 m，沉淀管底部应用管堵密封。过滤管应位于监测的目标含水层，水位以下的过滤管长度应不小于地下水位的最大降深，地下水位以上筛管的长度应不小于地下水位的最大抬升高度。监测多个含水层时，宜采用组井进行分层监测并做好分层止水。含水层厚度大于 6 m 时，宜采用组井进行分层采样。承压含水层或含水层具有承压性，过滤管的设置应避免交叉污染。存在非水相液体的监测井时，筛管设计安装位置还应考虑非水相液体的性质。石英砂滤料的装填高度应高出过滤管顶部，高出部分的高度不宜小于 0.3 m，厚度不宜小于 2.5 cm。用作抽水试验的监测井，石英砂厚度宜不小于 5 cm。石英砂之上干膨润土的装填厚度不宜小于 0.3 m。

地下水采样过程中产生的洗井及设备清洗废水应使用固定容器收集，不允许任意排放，应执行 GB 8978 的相关规定或委托有资质的单位处理。

71

农药厂等调查过程异味问题突出，如何处理？

农药污染地块污染物类型复杂，异味问题突出，是污染场地修复的技术难点。全面识别造成异味问题的污染物很困难。异味属于感官指标，按照基于人体健康的土壤污染风险评估方法制定的修复目标不适用于解决异味问题。若异味问题是本场地关注的重点，建议在土壤污染状况调查阶段，综合感官判断、便携式设备（PID、FID）与实验室分析等手段，结合场地具体情况，初步划定恶臭异味污染范围。多结合样品 PID 读数、臭气浓度等方式监测，采取有效措施做好管控工作，避免产生舆情事件。

72

采样过程的附件都包括哪些资料?

采样过程需包括现场记录，如钻探记录、采样记录、样品现场检测记录、成井结构记录、洗井记录、样品保存记录、样品流转记录等。

现场钻探采样过程中需全过程拍照，主要包括每个钻探采样点位的定位、管线探测、钻探、样品采集、样品现场检测、样品保存等，其中地下水监测井除了上述拍照外，需要对成井过程、洗井过程等拍照。每个钻探采样点的照片分别整理，作为报告附件，在报告正文中可以放一套典型的钻探采样照片。

附件包括勘查采样报告、钻探采样记录单、现场检测记录单、成井记录单、洗井记录单、样品保存检查记录单、样品流转记录单、样品送检记录单、每个采样点位钻探采样照片等。

七

水文地质

73

调查阶段开展水文地质勘查工作的内容如何确定？

水文地质勘查是以查明污染场地水文地质条件为目的的专业工作。现行污染场地相关技术导则一般要求搜集污染场地所在区域的水文地质资料，开展土壤及地下水监测时应结合场地地层结构和水文地质条件设计监测方案，但并未规定水文地质勘查、水文地质勘查内容。具体内容可参考标准 HJ 25.1 和 HJ 25.2。

可以从两个层面考虑调查阶段开展水文地质勘查工作的内容和深度，一是水文地质勘查工作满足污染场地调查的需要，是初步的水文地质勘查工作；二是水文地质勘查工作满足后续风险评估、修复方案编制、修复初步设计的需要，是详细的水文地质勘查工作。

（1）初步水文地质勘查工作

初步水文地质勘查主要内容包括查明场地污染深度范围内地层结构，查明地下水类型、埋藏条件、补给及排泄条件、初见及稳定水位；掌握含水层分布情况、地下水类型，绘制场地地下水流场，计算水力梯度、地下水流速。

初步水文地质勘查工作一般由污染场地调查单位具有水文地质勘查工作经验的人员完成即可，通过分析土壤、地下水采样钻探地层资料、量测的初见及静止地下水位。建议绘制水文地质勘查的平面图、剖面图等，作为污染场地调查成果文件的内容之一。

（2）详细水文地质勘查工作

详细水文地质勘查主要内容包括：

①需要查明场地土壤、地下水污染深度范围内地层及地下水分布条件，勘查深度需揭露主要含水层底板，以满足污染修复或风险管控方案编制需要。

②查明地下水类型、埋藏条件、补给及排泄条件、初见及稳定水位；掌握含水层分布情况、地下水类型，绘制场地地下水流场，计算水力梯度、地下水流速；场地水土腐蚀性评价，并提供检测结果；场地 5 m 深度范围土壤筛分试验并提供土壤粒径分析结果。

③在查明地下水分布条件的基础上需要开展抽水试验，查明各含水层水文地质参数，包括渗透系数、影响半径、单井出水量、涌水量降深曲线等。

④查明各主要地层岩性及物理参数，如含水率、土粒比重、湿密度、干密度、饱和度、孔隙比、孔隙率、液限、塑限、液性指数、塑性指数等。

详细水文地质勘查工作深度建议按 GB 50021 初步勘查深度考虑。详细水文地质勘查工作应单独委托勘查单位完成。

具体参考条文依据详见“附录 2 序号 33”。

74

污染场地调查阶段的工程测量工作如何开展？

污染场地调查阶段的工程测量工作需要由专业测量单位开展工程测量。其空间数据的准确与否直接影响后期修复或风险管控效果，因此污染场地调查期间应严谨对待工程测量工作。而现阶段一些污染场地调查工作过程中以卫星影像图作为工作底图、以普通手持 GPS 测定空间坐标的做法过于粗糙，并不推荐。

污染场地调查阶段工程测量的内容一般主要包括测放场地红线；场地地形图测绘，测绘比例尺为 1 ∶ 500 或 1 ∶ 1 000；对场地地形、地物准确测绘，作为污染场地调查工作的底图；采样点的平面位置和标高（包括土壤采样点、地下水监测井、固体废物采样点、地表水采样点）；监测井的地面标高、管口标高；固体废物、地表水的边界位置；堆体体积估算。

某污染场地调查阶段工程测量要求示例如下：

（1）工程概况：计划开展某污染场地调查工作，需开展本场地的工程测量工作。

（2）依据标准、规范：

①《工程测量规范》（GB 50026）；

②《1：500 1：1 000 1：2 000 地形图图式》（GB/T 7929）；

③其他相关国家、地方标准、规范。

（3）测绘比例尺：1：500或1：1 000，满足施工图设计要求。

（4）测绘范围：场地红线外扩20 m范围，估算面积约××万 m^2。

（5）测绘内容：测绘内容除满足《工程测量规范》规定外，仍需测绘如下要素：可视的堆场边界线、坑洼区边界线、地表水分布区域、现有水泥路面、铁路、地面建筑垃圾分布区域、现有排水沟等地物。

（6）成果要求：提供纸质和电子地形图，保留不少于3个平面及高程控制点。

具体工程测量工作可以参考以下文件：

《工程测量规范》（GB 50026）；

《1：500 1：1 000 1：2 000 地形图图式》（GB/T 7929）。

75

如何量测地下水位并正确确定地下水流向、绘制地下水流场？

下面分别从测量地下水位、绘制地下水流场两个方面给出建议：

（1）测量地下水位

勘探孔钻遇地下水时应量测初见水位和静止水位，并利用地下水监测井或水文地质试验井统一量测稳定水位，量测读数至毫米。多层含水层的水位量测，应采取止水措施，将被测含水层与其他含水层隔开。

一般应开展多次静止水位的系统量测，以掌握地下水动态情况。当所在区域存在地下水开采时，地下水位一般会有日动态变化。当场地地下水和临近地表水水力联系较好时，地下水位会受到地表水位变化的影响，存在一定的动态变化。另外，如果污染场地调查周期较长，还可以监测到地下水位的季节性变化规律。

一般采样专用水位测尺量测地下水位的埋深。通过量测钻孔的地面标高、孔口标高、监测井的管口标高数据，计算水位的绝对标高值。

地下水位测量读数一般记录至 0.1 mm，精确值 mm。

（2）确定地下水位

（3）绘制地下水流场

绘制地下水流场的方法和注意事项说明如下：

①至少需要使用3个点位的水位数据绘制地下水流场；

②建议使用尽可能多位置的地下水位数据绘制流场，以提高流场精度；

③使用的地下水位点位平面位置应能控制污染场地，即在污染场地的边界或其边界外部仍应近似均匀分布一定数量的地下水位点；

④应使用同层、同一时间段量测的地下水位标高数据绘制流场；

⑤绘制地下水流场前，应剔除地下水位的异常值；

⑥可使用插值程序绘制流场，如ArcGIS、Surfer等，一般可使用克里金插值算法；

⑦地下水流程图要素包含监测井点位、编号、地下水位等值线及水位值、底图、坐标数据、图例等。

图75-1为一个场地的地下水流场示例。

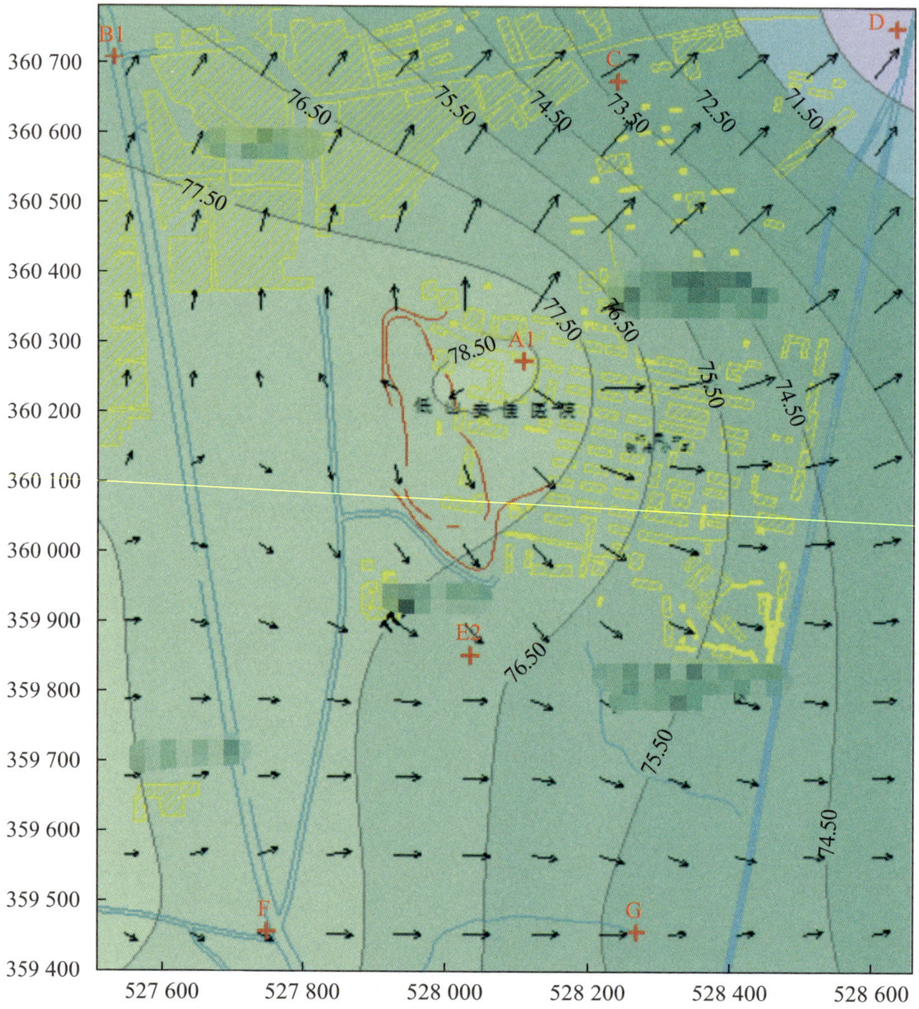

图 75-1　某场地的地下水流场

76

如何画流场分布图即等值线图?

常用 Surfer、ArcGIS 等软件绘制地下水流场分布图，前者操作简便，更易上手。地下水流场分布绘制方法与土壤、地下水中污染物的分布绘制类似。具体操作方法详见问题 95“如何使用 Surfer 和 Auto CAD 绘制污染物浓度分布图、流场图？”。

77

调查阶段获得水文地质参数的方法有哪些？

水文地质参数主要包括地下水位、地下水流速、渗透系数、给水度、贮水系数、弥散系数等。水文地质参数的测定方法可以参考表 77–1。

表 77–1　水文地质参数的测定方法

测定方法		测定参数	适用性
提水试验		渗透系数	渗透性较差、厚度相对较小的含水层
抽水试验	钻孔或探井简易抽水	渗透系数	粗略估算弱透水层的渗透系数
	不带观测孔抽水	渗透系数、给水度、释水系数	初步测定含水层的渗透系数
	带观测孔抽水	渗透系数、影响半径、越流系数、给水度、释水系数	较准确测定含水层的各种参数
渗水试验	钻孔法	渗透系数	试验深度较大
	试坑双环		黏性土
	试坑单环		砂土和粉土

续表

<table>
<tr><th colspan="3">测定方法</th><th>测定参数</th><th>适用性</th></tr>
<tr><td rowspan="2">钻孔注水试验</td><td colspan="2">常水头注水</td><td>渗透系数</td><td>地下水位以下渗透性较强的粉土、砂土和卵砾石层</td></tr>
<tr><td colspan="2">降水头注水</td><td>渗透系数</td><td>地下水位以下渗透性较弱的黏性土层</td></tr>
<tr><td rowspan="2">室内渗透试验</td><td colspan="2">常水头渗透</td><td>渗透系数</td><td>粗颗粒土</td></tr>
<tr><td colspan="2">变水头渗透</td><td>渗透系数</td><td>细颗粒土</td></tr>
<tr><td colspan="3">颗分试验</td><td>渗透系数</td><td>砂类土</td></tr>
<tr><td rowspan="5">弥散试验</td><td rowspan="2">化学试剂</td><td>电解液</td><td rowspan="5">弥散系数</td><td>食盐示踪剂应用最广，适用于淡水和透水性较好的含水层</td></tr>
<tr><td>碳氟化合物</td><td>不能用于煤、油页岩、含油气层</td></tr>
<tr><td colspan="2">染色剂</td><td>高矿化含水层或弱透水层</td></tr>
<tr><td colspan="2">放射性同位素</td><td>包气带与饱水带</td></tr>
<tr><td colspan="2">微生物</td><td>孔隙含水层、岩溶水通道</td></tr>
</table>

78

如何绘制监测井柱状图?

监测井柱状图一般包括地层信息、地下水位信息和井结构信息三部分:

地层信息包括地层分界线的埋深、标高数据、地层的厚度数据、地层图例填充和地层岩性描述等;

地下水位信息包括水位的标识符号、水位标高、水位埋深数据，当钻遇多层地下水时，应分别标注;

井结构信息包括孔径、管径、井深、地面标高和管口标高、井管规格材质、壁管的起始埋深或标高、过滤管的起始埋深或标高、沉淀管的起始埋深或标高、滤料的规格及填充位置数据、封孔填料材料及填充位置数据等。

一般可使用 AutoCAD 程序绘制监测井柱状图，也可以使用理正勘查程序及其他专业程序绘制，有些网站提供在线免费监测井绘制服务（http://www.sinosite.com.cn/tools/report/）。图 78-1 为监测井柱状图的示例。

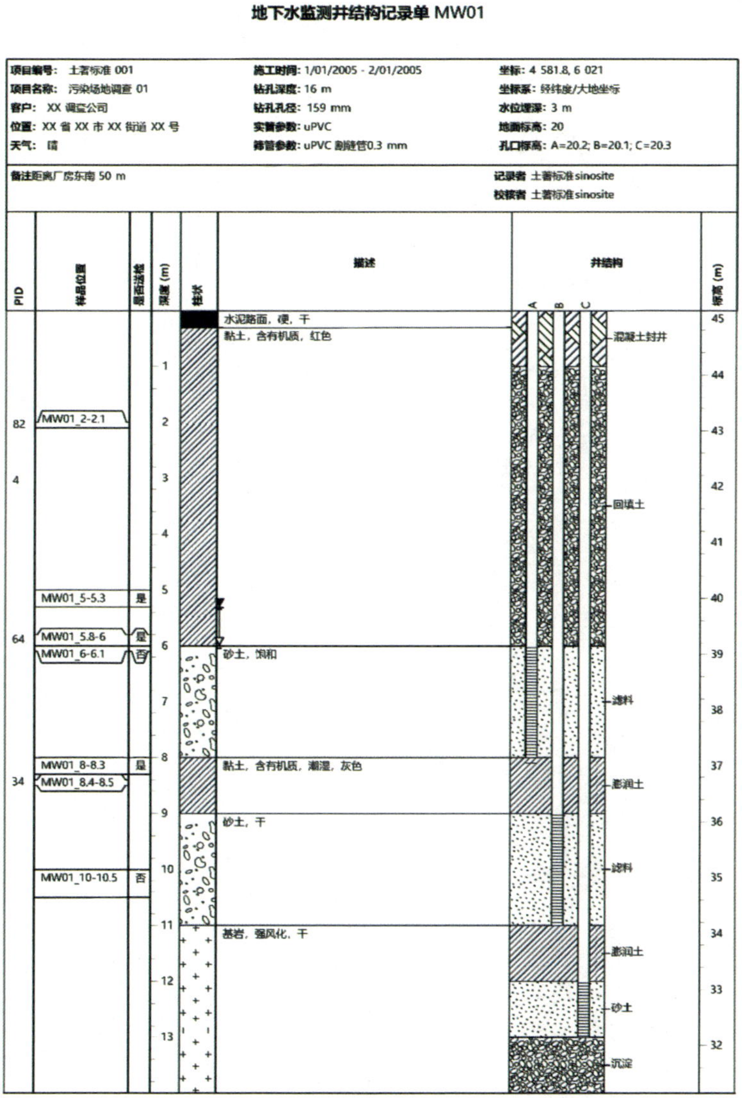
地下水监测井结构记录单 MW01
项目编号： 土著标准 001
项目名称： 污染场地调查 01
客户： XX 调查公司
位置：XX 省 XX 市 XX 街道 XX 号
天气： 晴
施工时间：1/01/2005 - 2/01/2005
钻孔深度：16 m
钻孔孔径： 159 mm
实管参数：uPVC
筛管参数：uPVC 割缝管0.3 mm
坐标：4 581.8, 6 021
坐标系：经纬度/大地坐标
水位埋深：3 m
地面标高：20
孔口标高：A=20.2; B=20.1; C=20.3
备注距离厂房东南 50 m
记录者 土著标准sinosite
校核者 土著标准sinosite
PID
样品位置
是否送检
深度 (m)
柱状
描述
井结构
标高 (m)
A
B
C
水泥路面，硬，干
黏土，含有机质，红色
砂土，饱和
黏土，含有机质，潮湿，灰色
砂土，干
基岩，强风化，干
MW01_2-2.1
MW01_5-5.3
MW01_5.8-6
MW01_6-6.1
MW01_8-8.3
MW01_8.4-8.5
MW01_10-10.5
是
是
否
是
否
82
4
64
34
混凝土封井
回填土
滤料
膨润土
滤料
膨润土
砂土
沉淀

图 78–1　钻孔柱状图

八

检测结果分析评价

79

检测结果的分析流程是什么?

检测结果可参考以下三个步骤分析：

（1）描述实验室监测分析方法，分析质量控制结果，质控结果分析包括实验室质控结果分析、现场平行样质控结果分析。

（2）分析现场空白与运输空白检测结果，分析现场采样与运输过程对检测结果的影响情况。

（3）确保质量控制满足要求、现场采样与运输过程对检测结果没有影响的条件下，分析样品检测结果。

80

检测结果分析评价要点有哪些？

检测结果分析评价重点关注以下几个方面：

（1）完善超标点位统计，明确到边到底情况；补充完善超标点位土壤中超标污染物垂直分布图，说明土层垂直污染情况，分析污染原因。

（2）补充污染超标原因分析；汇总超标结果，绘制超标点位分布图。

（3）初步匡算污染土壤范围和方量、核实超标范围，明确划定依据；根据场地未来用地方式，分别估算不同用地条件下的污染土壤方量。

（4）核实超标的有机物风险控制值计算结果。

（5）完善检测结果分析，说明地块关注污染物的分布特征。

（6）完善实验室检测质量控制结果，完善质控数据评价依据和质控结果。

（7）分析监测值差异大的原因；完善监测数据统计评价。

（8）补充完善超标点位图、超标范围图、监测报告等相关附图附件。

81

样品检测分析推荐使用的分析标准是什么？

土壤和地下水检测项目分析方法优先选择 GB 36600、GB/T 14848—2017 推荐的分析方法，也可选用检验检测机构资质认定范围内的国际标准、区域标准、国家标准及行业标准方法。

82

质量控制结果如何分析?

实验室质控主要包括精密度控制、准确度控制。

精密度控制通常采用平行双样进行检测，分析平行双样相对偏差（*RD*），若 *RD* 在允许范围内，则该平行双样的精密度控制为合格，否则为不合格；对平行双样分析测试合格率要求应达到 95%。

准确度控制包括标准物质样品分析测试误差、加标回收率等。若准确度（*RE*）在允许范围内，则对该标准物质样品分析测试的准确度控制为合格，否则为不合格；对有证标准物质样品分析测试合格率要求应达到 100%。

此外，若基体加标回收率在规定的允许范围内，则该加标回收率试验样品的准确度控制为合格，否则为不合格。对基体加标回收率试验结果合格率的要求应达到 100%。

土壤和地下水标准物质样品中主要检测项目 *RD*、 *RE* 、加标回收率允许范围分别见表 82-1 和表 82-2，土壤和地下水标准物质样品中其他检测项目 *RD*、 *RE*、加标回收率允许范围见表 82-3 和表 82-4。

表 82–1　土壤样品中主要检测项目分析测试精密度和准确度允许范围

项目检测	含量范围 /(mg/kg)	精密度		准确度	
		室内相对偏差 /%	室间相对偏差 /%	加标回收率 /%	相对误差 /%
总镉	<0.1	35	40	75~110	±40
	0.1~0.4	30	35	85~110	±35
	>0.4	25	30	90~105	±30
总汞	<0.1	35	40	75~110	±40
	0.1~0.4	30	35	85~110	±35
	>0.4	25	30	90~105	±30
总砷	<10	20	30	85~105	±30
	10~20	15	20	90~105	±20
	>20	10	15	90~105	±15
总铜	<20	20	25	85~105	±25
	20~30	15	20	85~110	±20
	>30	10	15	90~105	±15
总铅	<20	25	30	85~110	±30
	20~40	20	25	85~110	±25
	>40	15	20	90~105	±20
总铬	<50	20	25	85~110	±25
	50~90	15	20	85~110	±20
	>90	10	15	90~105	±15
总锌	<50	20	25	85~110	±25
	50~90	15	20	85~110	±20
	>90	10	15	90~105	±15
总镍	<20	20	25	80~110	±25
	20~40	15	20	85~110	±20
	>40	10	15	90~105	±15

表 82–2　地下水样品中主要检测项目分析测试精密度和准确度允许范围

项目检测	含量范围 / (mg/kg)	精密度		准确度	
		室内相对偏差 /%	室间相对偏差 /%	加标回收率 /%	相对误差 /%
总镉	<0.005 0.005~0.1 >0.1	15 10 8	20 15 10	85~110 90~110 95~115	±15 ±10 ±10
总汞	<0.005 0.005~0.1 >0.1	30 20 15	40 25 20	85~115 90~110 90~110	±20 ±15 ±15
总砷	<0.05 ≥ 0.05	15 10	20 15	85~115 90~110	±20 ±15
总铜	<0.1 0.1~1.0 >1.0	15 10 8	20 15 10	85~115 90~110 95~105	±15 ±10 ±10
总铅	<0.05 0.05~1.0 >1.0	15 10 8	20 15 10	85~115 90~110 95~105	±15 ±10 ±10
六价铬	<0.01 0.01~1.0 >1.0	15 10 5	20 15 10	90~110 90~110 90~105	±15 ±10 ±10
总锌	<0.05 0.005~1.0 >1.0	20 15 10	30 20 15	85~120 90~110 95~105	±15 ±10 ±10
氟化物	<1.0 ≥ 1.0	10 8	15 10	90~110 95~105	±15 ±10
总氰化物	<0.05 0.05~0.5 >0.5	20 15 10	25 20 15	85~115 90~110 90~110	±20 ±15 ±15

表 82-3　土壤样品中其他检测项目分析测试精密度与准确度允许范围

检测项目	含量范围	精密度	准确度	适用的分析方法
		相对偏差 /%	加标回收率 /%	
无机元素	≤ 10MDL >10MDL	30 20	80~120 90~110	AAS、ICP-AES、ICP-MS
挥发性有机物	≤ 10MDL >10MDL	50 25	70~130	GC、GC-MSD
半挥发性有机物	≤ 10MDL >10MDL	50 30	60~140	GC、GC-MSD
难挥发性有机物	≤ 10MDL >10MDL	50 30	60~140	GC-MSD

注：

①MDL 一方法检出限；AAS 一原子吸收光谱法；ICP-AES—电感耦合等离子体发射光谱法；ICP-MS—电感耦合等离子体质谱法；GC 一气相色谱法；GC-MSD 一气相色谱质谱法。

②本表为一般性要求，凡在《全国土壤污染状况详查土壤样品分析测试方法技术规定》中有明确要求的检测项目，执行分析方法技术规定的有关要求。

表 82-4　地下水样品中其他检测项目分析测试精密度与准确度允许范围

检测项目	含量范围	精密度	准确度	适用的分析方法
		相对偏差 /%	加标回收率 /%	
无机元素	≤ 10MDL >10MDL	30 20	70~130	AAS、ICP-AES、ICP-MS
挥发性有机物	≤ 10MDL >10MDL	50 30	70~130	HS/PT-GC、HS/PT-GC-MSD
半挥发性有机物	≤ 10MDL >10MDL	50 25	60~130	GC、GC-MSD
难挥发性有机物	≤ 10MDL >10MDL	50 25	60~130	GC-MSD

注：

MDL 一方法检出限；AAS 一原子吸收光谱法：ICP-AES 一电感耦合等离子体发射光谱法；ICP-MS 一电感耦合等离子体质谱法；HS/PT-GC—顶空 / 吹扫捕集 - 气相色谱法；HS/PT-GC-MSD—顶空 / 吹扫捕集 - 气相色谱质谱法；GC—气相色谱法；GC-MSD 一气相色谱质谱法。

83

现场平行样质控结果如何分析?

现场平行样（A、B）检测结果分析主要分析平行样检测结果的相对偏差（*RD*），*RD* 的计算公式如式（83.1）。

$$RD=\frac{|A-B|}{A+B}\times 100\% \qquad 式（83.1）$$

土壤和地下水样品中主要检测项目平行双样分析测试精密度允许范围分别见表 82-1 和表 82-2，土壤和地下水样品中其他检测项目平行双样分析测试精密度控制范围参见表 82-3 和表 82-4。

若 *RD* 在允许范围内，则该平行双样的精密度控制为合格，否则为不合格；对平行双样分析测试合格率要求应达到 95%。

84

现场空白与运输空白检测结果如何分析？

现场空白与运输空白的检测结果通常应低于检测限，若检测结果高于检测限，应分析检出的原因及其对检测结果的影响。全程序空白表征从采样至实验室分析全流程样品是否受到污染，运输空白表征运输过程中样品是否受到污染，实验室空白表征实验室分析过程是否受到污染。当发现全程序空白高于检出限，运输空白低于检出限时，则可初步判断污染来源于现场操作过程。此时需进一步评价样品测试结果是否可用，如果全程序空白中目标物浓度小于样品分析结果的5%，则数据可以使用，否则需重新分析同批次样品。当全程序空白和运输空白均高于检出限时，则需要排查污染来源是采样过程、运输过程还是实验室操作过程。通常，如果实验室空白未高于检出限，则污染来源于采样和运输过程；如果实验室空白也高于检出限，则污染最大可能来源于实验室内操作过程。此时需要逐步排查所分析使用的溶剂、容器、内标以及仪器等是否残留干扰，通过排除干扰后再次分析同批次样品。

85

样品检测结果如何分析?

样品检测结果分析方法如下：

（1）样品检测结果统计分析

样品检测结果统计分析的内容包括每个检测项目检出限、评价标准、浓度范围、样品数量、检出率、中位值、超标数量、超标率、最大超标倍数（或最大标准倍数）。

对于地块关注污染物，应进一步分析其浓度的空间分布情况（平面分布特征、垂向分布特征），其中平面分布特征可以根据样品的采样深度分层进行分析，垂向分布特征可采用污染物浓度与采样深度的散点图进行表征。

地下水中污染物的分布主要分析其平面分布特征，对于含水层较厚的地块，地下水分层采样的，应分层分析其平面分布特征，同时分析其纵向变化规律。

（2）超标污染物检测结果分析

①土壤超标污染物检测结果分析

土壤超标污染物分析内容包括：

a. 超标污染物的数据统计，统计内容包括采样点、采样深度、地层岩性、污染物浓度、超标倍数（标准倍数）等；并根据样品的采样深度分层进行分析其平面分布特征，垂向分布特征可采用污染物浓度与采样深度的散点图进行表征；分析其最大超标深度；详细调查阶段的数据分析还应分析现有的最大采样深度是否还存在污染，是否还需要进行补充采样分析，确保最大采样深度处不存在污染。绘制超标点位图、超标污染物平面分布图、污染物纵向分布散点图等。

b. 超标原因分析：结合地块上的历史生产活动、生产工艺、原辅材料、产品及其中间产物、管线分布、生产车间分布、地下设施分布、储罐、污水处理设施分布等分析污染物来源及可能产生污染的原因；同时结合地块的地层岩性特征（主要是渗透系数）、超标点位处的污染来源分析污染物迁移的规律。

对于存在背景值超标的地块，结合背景值分析其超标原因。

②地下水超标污染物检测结果分析

a. 超标污染物的数据统计，统计内容包括采样点、采样深度、污染物浓度、超标倍数（标准倍数）等，分析其污染物的平面分布特征。

b. 超标原因分析：结合地块上的历史生产活动、生产工艺、原辅材料、产品及其中间产物、管线分布、生产车间分布、地下设施分布、储罐、污水处理设施分布等分析污染物来源及可能产生污染的原因；同时结合地块的水文地质条件、污染物在土壤中的分布特征、地下水流向、超标点位处的污染来源分析污染物迁移的规律。

③土壤气超标污染物检测结果分析

a. 超标污染物的数据统计，统计内容包括采样点、采样深度、污染物浓度、超标倍数（标准倍数）等，根据采样深度的不同分析其污染物的平面分布特征、纵向分布特征。

b. 超标原因分析：结合地块上的历史生产活动、生产工艺、原辅材料、产品及其中间产物、管线分布、生产车间分布、地下设施分布、储罐、污水处理设施分布等分析污染物来源及可能产生污染的原因；同时结合地块的地层岩性特征（渗透系数）、污染物在土壤中的分布特征、地下水中污染物分布特征、超标点位处的污染来源分析污染物迁移的规律。

c. 细化地块污染概念模型。

在污染物分布特征分析的基础上，可进一步细化地块污染概念模型。

（3）污染范围与污染体量

对于超标污染物，结合其平面分布特征、垂向分布特征，分层确定其污染范围、污染体量，可以采用插值的方法确定污染范围，也可以采用以相邻无污染的点位作为污染边界的方法进一步确定污染范围。根据每层污染范围内已有的点位上表面标高、下表面标高，计算污染体量。在确定污染范围与污染体量时，需要把确定的依据与原则描述清楚。

对于存在多个超标污染物的地块，还应按污染物分别进行统计分析，污染范围包括单一污染物污染范围、复合污染物范围（2 个污染物污染范围、3 个污染物的污染范围……），根据每层污染范围内已有的点位上表面标高、下表面标高，计算污染体量。

86

GB 36600—2018 中的氰化物含义?

GB 36600—2018 中的氰化物是对应《土壤氰化物和总氰化物的测定 分光光度法》（HJ 745—2015）中的氰化物，并不是总氰化物。

87

土壤污染调查时的异常值如何处理？

建议综合分析地块地质地层情况、超标土壤样品的性质，如果是原土可参考周边地质环境，如果是回填土就要考虑外源影响。同时进一步开展特征污染物识别，确认地块历史上使用含该污染物的原辅材料等情况。另外，对于异常值判断，建议参考《上海市建设用地土壤污染状况调查、风险评估、风险管控与修复方案编制、风险管控与修复效果评估工作的补充规定（试行）》中有关要求，“同时满足以下条件的土壤超标点位，可以进行异常点位排查与处置：（1）孤立的点位；（2）极个别的点位；（3）单一类型的污染物超标；（4）充足的前期调查表明，超标的污染物非该地块特征污染物；（5）与紧邻周边其他点位污染物检测值存在较大差异。异常点位排查方法：在疑似异常点位四个垂直轴向 1 m 范围内布设 4 个采样点，每个采样点位在超标样品所在深度及其相邻不同深度至少采集 3 个土壤样品。对上述排查的土壤样品中疑似异常的超标污染物进行检测分析”。

具体参考条文依据详见“附录 2 序号 34”。

88

如何选择开展质量监督检查工作的第三方专业机构?

第三方专业机构建议参考以下要求：（1）在国内注册的法人单位，有健全的组织机构，具有固定的工作场所；（2）遵守国家有关法律法规和政策规定，社会信誉良好，无违法记录；（3）具有承担国家和地方生态环境保护有关规划、政策研究或咨询的工作经验；（4）具有 3 名及以上长期（10 年及以上）从事环境保护管理、政策、规划、技术咨询工作经验的高级及以上职称技术人员；（5）承担质量监督检查任务合同期内不得承接或者参与被检查单位委托的建设用地土壤污染状况调查项目及其样品分析检测项目。

89

质量监督检查的第三方机构人员应具备什么条件?

第三方机构人员应具备以下条件:

(1)熟悉土壤污染防治相关法律法规、政策、标准和规范。涉及地下水污染的,应当熟悉地下水污染防治相关法律法规、政策、标准和规范。

(2)具有良好职业道德,能坚持科学、客观、公正、高效、廉洁的检查原则,身体健康,能够承担检查任务。

(3)现场采样环节质量监督检查人员应当具有环境、土壤、水文地质等相关专业背景,或者熟悉相关行业工艺流程,具备中级以上专业技术职称,从事建设用地土壤污染状况调查相关工作3年及以上。

(4)实验室检测分析环节质量监督检查人员应当具备高级以上专业技术职称,从事检验检测或相关管理工作3年及以上。

90

调查质量检查时，采样复测怎么做？

采样复测应组织专家现场踏勘，确定采样点位、采样深度和复测项目。选择地块内最有可能污染的区域布点，每个地块不少于 2 个区域，每个区域至少布设 1 个土壤点位和 1 个地下水点位（若不存在地下水可不布设），土壤和地下水可在同一点位。土壤样品复测项目应当包括 GB 36600—2018 中 45 项基本项目和地块特征污染物，地下水样品复测项目应至少包括地块特征污染物。复测样品应当按相关规定进行留样保存。省级生态环境主管部门或委托的第三方专业机构将采样复测结果等材料上传至全国土壤环境信息平台。采样复测工作应当在报告质量抽查后的 30 日内完成，并反馈被检查单位。

被检查单位对采样复测结果有异议申请再次复测的，应当向省级生态环境主管部门说明理由。省级生态环境主管部门认为需要再次复测的，应当组织再次复测，必要时，可安排省级生态环境监测部门进行再次复测。需要再次复测的，应当使用留样保存的复测样品检验；涉及挥发性有机物且超过留样保存期限的，应当组织再次采样。

91

调查发现土壤背景值重金属超过管控值如何处理？

首先需确认超标成因是人为因素还是天然原因。确实是天然存在的地球化学高背景区域，土壤重金属等物质含量高，不属于《土壤法》定义的土壤污染，也不纳入污染地块管理。

关于地块的安全利用，从保护人体健康的角度出发，建议参照《土壤法》规定的管理流程，通过开展土壤污染状况调查和土壤污染风险评估，通过翔实的资料与数据，确定高含量的来源。若属于高背景但风险评估认为需要采取相关风险管控措施的，应采取风险管控措施后再开发利用，以确保人体健康。

具体参考条文依据详见“附录 2 序号 35”。

九

结论和建议

92

调查结论和建议应该写些什么?

土壤污染状况调查报告的核心内容即结论与建议，要简明扼要阐述调查工作成果，包括场地污染状况、水文地质情况、是否需要开展下一步风险评估工作等，如委托合同对调查工作有其他要求，也需给予说明。

93

结论建议中的不确定性分析涉及哪些内容?

根据 HJ 25.1—2019 的相关规定，第一阶段和第二阶段土壤污染状况调查报告中均需包含不确定性分析的内容。其中第一阶段土壤污染状况调查报告中应列出调查过程中遇到的限制条件和欠缺的信息，以及对调查工作和结果的影响；第二阶段土壤污染状况调查报告中应说明该阶段土壤污染状况调查与计划的工作内容的偏差以及限制条件对结论的影响。

在土壤污染状况调查具体实践中，对于上述要求普遍存在如下问题：一是调查报告中缺失不确定性分析内容；二是不确定性分析内容流于形式，不能结合地块特征和调查工作实际情况有针对性地编制该部分内容；三是在报告中推卸编制单位应尽的义务，把调查工作的不确定性无限放大。

在实际调查过程中，如的确存在可能导致调查结果不全面或不准确的相关情况，调查报告中的不确定性分析部分则可从地块及调查工作的实际情况及潜在影响后果两个方面有针对性地展开并具体分析说明。而对于调查工作固有的不确定性，比如土壤的不均质性、土壤地下水污染迁移特点、调查工作完成后可能发生新的污染活动等，则可点到即止。表 93-1 给出了调查过程中不确定性的产生和可能导致的影响。

表 93-1 调查过程不确定性的产生与影响

调查阶段	可能导致不确定的实际情况	可能导致的不确定影响后果
第一阶段	调查过程中遇到的限制条件（如未能进入某区域进行现场调查）	限制条件可能对调查工作造成直接影响（如未能对某区域的环境现状进行直接观察等），并因此可能对调查结果造成影响（如未能对该区域可能存在的潜在污染源进行识别等）
	调查过程中欠缺的信息（如某历史时期的用地信息等）	信息缺失可能对调查工作造成直接影响（如某历史时期的用地信息缺失等），并因此可能对调查结果造成的影响（如未能识别出该历史时期可能存在的潜在污染源或特征污染因子等）
第二阶段	调查与计划工作内容的偏差（如因安全风险、运营影响、天气状况、意外事故等原因导致的布点区域、布点点位、采样类型、调查时间等方面的限制或调整）	偏差相关的限制条件可能对调查工作造成直接影响（如因安全原因未能针对关注区域进行布点采样等），并因此可能对调查结论造成的影响（如未能对关注区域的环境质量现状进行调查评估等）

此外，调查报告中的不确定性分析可考虑以下三点：

一是参考 ASTM E1527—13 标准，调查过程中存在的所有与不确定性相关的限制条件、信息缺失、实际偏差等，均应逐项列出并分析说明。

二是对于某些地下特征差异性很大的地块，土壤污染状况调查自身固有的不确定性，如地块地质/水文地质状况的复杂性和离散点位调查所可能导致天然的不确定性、现状调查评估技术方法水平的不确定性等，也可提出并分析说明。

三是报告使用上的限制和局限说明，如调查内容未涵盖的方面、调查结论仅代表专业意见而非法律意见、调查结论自行更改和滥用的法律责任免除等，一般认为不属于土壤污染状况调查报告不确定性分析的内容，不建议写进报告。

Ⅲ 案例：土壤污染状况调查报告中不确定性的一种表述

本阶段土壤污染状况调查结论是基于有限的资料、数据、时间周期及当前可以获得的调查事实，应用科学原理和专业知识而做出的专业判断。

结合实际情况，还存在如下不确定性因素：

（1）根据地块历史影像图，1948 年前地块还属于未利用地和居民住宅区，1972 年时地块已经为工业聚集区。由于年代久远，无法从文件审阅和人员访谈得知 1948—1972 年该地块的具体历史使用信息，从而会给调查结果带来一定的不确定性。

（2）调查期间，地块内东侧生产产房为保密设施，调查人员未能进入该厂房进行现场踏勘，因此可能遗漏该厂房内的潜在土壤地下水污染源情况。

（3）调查期间地块上仍在进行工业生产，厂区内地面绝大部分为水泥全硬化，车间及构筑物完好，为了不影响正常生产活动，不破坏构筑物完整性，土壤监测布点主要分布在车间、厂房等周边无防渗、无硬化的区域。此举可能造成布点的不确定性，以及初步污染分析结论可能与实际情况存在一定的偏差。

（4）本项目土壤地下水样品所涉及的分析检测因子是在综合考虑地块历史情况、企业相关资料、人员访谈内容、现有成熟的分析检测方法等条件下确定的，受样品检测方法的限制，仍然可能遗漏一定的特征因子。

十

其他

94

土壤污染状况调查评估报告的基本要求有哪些?

土壤污染状况调查是排查土壤环境质量的重要手段，报告的质量更是土壤污染防治工作的底线和生命线，要确保报告格式规范、内容全面、数据真实、结论准确，为实现土壤污染精准治理提供有力的支持。调查报告的基本内容及要求见表 94-1。

表 94-1　土壤污染状况调查报告的基本内容及要求

要点	序号	内容要求
调查报告编制规范性	1	编制单位盖章，标识编制日期，编制人员签字
	2	调查评估技术路线合理，编制依据全面
	3	报告格式统一，表述规范，前后一致
信息收集整理和场地综合分析	4	明确地块名称、位置（图示）、范围（图示）、面积、边界拐点坐标（图示），坐标应与附件测绘报告相对应;调查范围明确合理
	5	场地现状表述清晰完整: （1）场地现状用途（照片）、平面布置图、地面修建情况（照片）、地下设施图（如有）、明确是否有残留废弃物（如有，附照片），是否有污染迹象（如有，附照片）; （2）有企业在产的，还应说明企业的生产工艺、原辅材料 / 产品及中间产品和副产品 / 污染物等情况、废物填埋或堆存及废水处理情况、重点区域及重点设施设备防渗漏情况等

续表

要点	序号	内容要求
信息收集整理和场地综合分析	6	地块使用历史表述清晰完整： （1）追溯至农田或宅基地时期。 （2）工业生产历史：平面布置图、历史航拍（卫星）、影像图（如有）、地下设施图、生产工艺、原辅材料/产品及中间产品和副产品/污染物等情况、废物填埋或堆存、废水处理情况；历史土壤地下水监测信息（如有）；泄漏和污染事故情况（如有）。 （3）部分地块因企业拆除较早，确实缺少该部分内容应予以说明
	7	场地周边现状与历史情况表述完整准确、场地周边环境敏感目标表述准确（附卫星图片）
	8	区域自然环境概况表述完整准确
	9	用地规划明确，建设用地分类准确
	10	现场污染痕迹、潜在污染状况、污染因子识别全面准确、表述清晰（避免牵强关联，避免泛泛而谈）
布点采样与实验室分析关键内容规范性	11	采样分析介质满足相关规范要求
	12	采样布点数量、样品数量等调查工作量满足相关规范要求
	13	布点依据明确，布点位置设置科学、合理、有针对性（有点位布设图，且说明布设原因）
	14	采样深度设置科学、合理、有针对性
	15	监测分析因子应符合 GB 36600 要求，且与污染识别相对应
	16	质控样品设置全面合理
	17	对照点及对照样设置合理
	18	样品分析科学合理，应明确： （1）分析机构、不同类型样品数量、分析指标、分析方法、检出限； （2）分析方法应符合 GB 36600 要求，检出限与评价标准进行比对，应符合评价要求

续表

要点	序号	内容要求
布点采样与实验室分析关键内容规范性	19	图表展示实际采样点位（有GPS坐标或城市坐标）、深度与样品数量，并详细说明与方案相比的调整情况与调整理由
	20	采样施工及样品保存流转，现场快速检测、质控和安全防护等情况表述清晰完整
	21	地块地层分布、地下水位和流向（如有）的记录和描述全面准确
调查数据分析与评估	22	筛选标准选用准确合理
	23	样品检测数据汇总整理、统计表征与评价科学、准确、全面： （1）区分介质分别进行数据整理； （2）检测结果与对照点位进行比对
	24	调查质控数据包括实验室质控数据评价准确、科学
	25	对场地污染情况识别全面，判断合理，结论可信
结论建议规范性	26	结论科学合理可信，表述全面准确： （1）无污染物超标的，明确可作为几类用地使用；二类用地不超标的，给出与一类用地标准对比情况。 （2）有污染物超标的，明确超标介质、超标点位（图示）、超标程度及污染来源
	27	建议有针对性，科学合理
附件	28	附件齐全，相关记录清晰完整：测绘报告；人员访谈记录；现场钻孔/建井记录；现场采样（包括快筛）相关记录；签字盖章的实验室检测报告；样品流转记录单；现场工作照片等

95

如何使用 Surfer 和 AutoCAD 绘制污染物浓度分布图、流场图?

Surfer 和 AutoCAD 软件联用生成污染物浓度分布图（即等值线图）的操作步骤如下：

（1）AutoCAD 绘制调查场地背景底图。将工厂平面布局图作为背景底图文件（例如工厂平面图．dwg），厂区边界线、土壤采样点位置图、工厂平面布局图等设置为不同图层。

（2）数据整理及建立离散点数据库。某个土壤采样点的地理坐标设为（x，y），该点某一种污染物检测值设为 z，分别输入相应数据，在 Excel 中建立场地土壤污染物浓度数据工作表（例如表层土壤镉．xls）。遇到浓度未检出时以检测限值代替。

（3）生成网格文件。将“表层土壤镉浓度．xls”中数据复制到 txt 文本文件中，建立原始数据文件“表层土壤镉浓度．txt”。运行 Surfer 软件，打开菜单栏“网格”，下拉菜单“数据”，在“打开”对话框中选择数据文件“表层土壤镉．txt”，在“网格化方法”中选择“克里格插值法”对数据进行网格化。在“导出网格文件”时输出文件名“表层土壤镉.grd”，然后在“网格线索几何学”中设置适宜的网格点数（例如X方向行数100，Y方向行数51），即可生成等值线图所需要的网格文件“表层土壤镉.grd”。

（4）Surfer生成等值线图。打开菜单栏“地图”，点击“等值线图”，选择“新建等值线图”，在“打开网格”对话框中选择前一步输出的“表层土壤镉.grd”文件，设置适宜的等值线间隔，将污染物检测限值设为“等值线最低等级”，保存为“表层土壤镉.srf”，完成表层土壤中镉浓度等值线图绘制。

（5）修改完善等值线图和输出。在等值线之间设置、充填颜色，用同色系的深色表示高浓度，也可移动等值线图标注等进行修饰和调整。打开菜单“文件”，选择“导出”，将“表层土壤镉.srf”文件格式保存成能够被AutoCAD软件打开的图形文件“表层土壤镉.dxf”。

（6）与AutoCAD结合出图。运行AutoCAD软件，打开底图“工厂平面图.dwg”，建立名为“表层土壤镉等值线图”的新图层。再打开“表层土壤镉.dxf”，把该图复制到底图中，利用AutoCAD的图形编辑功能，通过线型处理，使用“移动”“旋转”或“对齐”等命令，将2幅图合成1幅。采用AutoCAD修改等值线标注数字的字体大小和颜色以及移动位置等，使得浓度高低及其分布规律呈现得更鲜明、直观。为使图片效果清晰，隐去底图中工厂车间和装置、采样点位置等大量图层，仅保留厂区边界线图层（红实线）作为底图示意。图95-1、图95-2分别为据此绘制的表层、下层土壤中镉浓度等值线图。

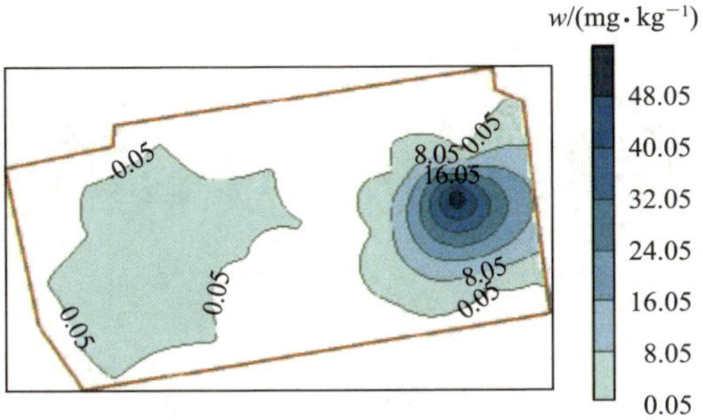

图 95-1　表层土壤中镉等值线

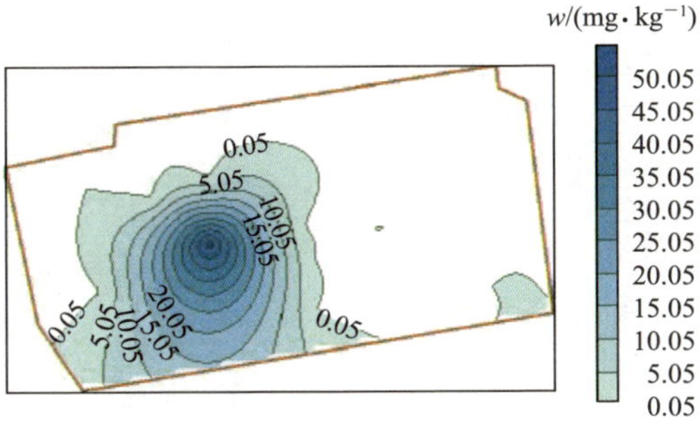

图 95-2　下层土壤中镉等值线

96

调查工作的报价如何做？

调查工作价格组成一般包括三个部分，勘查取样费、检测费以及报告编制费。勘查取样费可参照勘查行业有关收费标准执行，检测费可根据样品数量结合检测收费标准确定（如地方已发布检测费用指导价，需参考报价），报告编制费用则按照人工劳务、会议、差旅等内容进行组价。在报价过程中建议关注地方已有项目的报价金额，如通过招投标网站，查询地方已中标土壤污染状况调查类项目作为参考报价。

97

关注资料收集的渠道？

（1）全国地质资料馆①

全国地质资料馆馆藏地质资料涉及我国地质工作形成的各类地质资料与数据，馆藏纸质地质资料已全部实现数字化。馆藏地质资料涵盖了区域地质调查、海洋地质调查、矿产勘查、水工环勘查、物化遥勘查、地质科学研究、技术方法研究和信息技术等领域。

（2）土壤科学数据库②

中国土壤数据库涵盖土壤资源、土壤肥力、土壤环境、土壤生物等土壤学主要学科分支，包括属性数据和多尺度空间数据等多种数据类型。详细划分为 8 个土壤资源类库、7 个土壤肥力类库、2 个土壤环境类库、1 个土壤生物类库、4 个典型地域类库和 3 个重大项目类库。

（3）天眼查③

天眼查基于政府公开数据，结合图数据库技术的计算机语言学习能力，可以查询企业背景、位置、历史变更、周边企业概况等关键环境信息。

① http://www.ngac.cn/.

② http://vdb3.soil.csdb.cn/.

③ https://www.tianyancha.com/.

98

关于调查从业单位和个人信用管理要求？

根据《建设用地土壤污染风险管控和修复从业单位和个人执业情况信用记录管理办法（试行）》（环土壤〔2021〕53号）相关要求，生态环境部已建设完成“建设用地土壤污染风险管控和修复从业单位和个人执业情况信用记录系统”。信用记录系统于2021年9月1日启用（网址为 http://soilcredit.mee.gov.cn）。地方生态环境主管部门和从业单位按照《信用记录管理办法》有关规定，在信用记录系统中记录从业单位和个人执业情况信用信息。社会公众可通过信用记录系统查询从业单位和个人执业情况信用信息。

鼓励组织实施土壤污染风险管控和修复的业主单位登录信用记录系统，查询执业情况，选择合适的从业单位和个人。鼓励在招标文件中将从业单位在信用记录系统是否存在信用记录、评审一次性通过率等纳入对投标人资格审查的标准、评标标准。从业单位与从业个人应积极在信用记录系统注册并按要求填报有关信息。

99 场地在线监测的仪器设备有哪些？

根据污染地块土壤污染风险管控和修复现场工作需要，针对大气、地下水等介质常选用在线监测设备动态开展监测工作，获取介质参数，落实二次污染防治，保障环境安全。针对污染地块周边大气监测，常采用扬尘在线监测气象站，涉及 VOCs、扬尘、温度、水分、噪声等参数，针对地下水监测，常采用多参数水质监测仪器，涉及水位、水温、溶解氧、电导率、氨氮、pH 等参数，结合无线传输物联网的应用，可实现实时监测，超标预警，指导土壤污染风险管控和修复工作。

附录 1　管理技术文件清单[①]

序号	类别	名称	简称（编号）
1	管理要求	《中华人民共和国土壤污染防治法》	《土壤法》
		《中华人民共和国固体废物污染环境防治法》	《固废法》
		《中华人民共和国土地管理法》	《土地法》
		《土地复垦条例实施办法》	《复垦条例》
		《土壤污染防治行动计划》	《土十条》

① 有关文件免费查询下载网站 www.sinosite.com.cn

续表

序号	类别	名称	简称（编号）
1	管理要求	《工矿用地土壤环境管理办法（试行）》	《工矿用地管理办法》
		《污染地块土壤环境管理办法（试行）》	《污染地块管理办法》
		《关于贯彻落实土壤污染防治法　推动解决突出土壤污染问题的实施意见》	环办土壤〔2019〕47号
		《国务院办公厅关于做好行政法规部门规章和文件清理工作有关事项的通知》	国办函〔2016〕12号
		《建设用地土壤污染状况调查、风险评估、风险管控及修复效果评估报告评审指南》	“评审指南”
		《建设用地土壤污染风险管控和修复从业单位和个人执业情况信用记录管理办法（试行）》	环土壤〔2021〕53号
		《中华人民共和国大气污染防治法》	《大气污染防治法》
2	标准限值	《土壤环境质量　农用地土壤污染风险管控标准（试行）》	GB 15618—2018
		《土壤环境质量　建设用地土壤污染风险管控标准（试行）》	GB 36600—2018
		《土壤环境质量农用地土壤污染风险管控标准》	GB 15618—2018
		《生活饮用水卫生标准》	GB 5749
		《江西省建设用地土壤污染风险管控标准（试行）》	DB36/1282—2020
		《深圳市建设用地土壤污染风险筛选值和管制值》	DB4403/T67—2020
		《危险废物鉴别标准　通则》	GB 5085.7
		《国家危险废物名录》	—
		《地下水质量标准》	GB/T 14848—2017

续表

序号	类别	名称	简称（编号）
2	标准限值	《地下水监测井建设规范》	DZ/T 0270—2014
		《合格评定化学分析方法确认和验证指南》	GB/T 27417—2017
3	调查技术	《建设用地土壤污染状况调查技术导则》	HJ 25.1—2019
		《建设用地土壤污染风险管控和修复监测技术导则》	HJ 25.2—2019
		《环境影响评价技术导则　土壤环境（试行）》	HJ 964—2018
		《土壤环境监测技术规范》	HJ/T 166—2004
		《工业固体废物采样制样技术规范》	HJ/T 20—1998
		《地块土壤和地下水中挥发性有机物采样技术导则》	HJ 1019—2019
		《建设用地土壤环境调查评估技术指南》	《建设用地调查评估指南》
		《农用地土壤环境质量类别划分技术指南（试行）》	《类别划分指南》
		《工业企业场地环境调查评估与修复工作指南（试行）》（2014）	《工业场地工作指南》
		《国土空间调查、规划、用途管制用地用海分类指南（试行）》	自然资办发〔2020〕51号
		《海域使用分类》	HYT 123—2009
		《工程测量规范》	GB 50026—2007
		《1:500　1:1 000 1:2 000地形图图式》	GB/T 7929—1995

续表

序号	类别	名称	简称（编号）
3	调查技术	《地下水环境监测技术规范》	HJ 164—2020
		《补充耕地质量验收评定技术规范（试行）》	—
		《上海市建设用地土壤污染状况调查、风险评估、风险管控与修复方案编制、风险管控与修复效果评估工作的补充规定（试行）》	—
		《污染场地勘查规范》	DB11/T 1311—2015
		《污染场地勘查技术指南》	T/CAEPI 14—2018
		《建设用地土壤污染状况初步调查监督检查工作指南（试行）》	《调查工作指南》
		《建设用地土壤污染状况调查质量控制技术规定（试行）》	《调查技术规定》
4	检测技术	《土壤和沉积物　挥发性有机物的测定　吹扫捕集/气相色谱-质谱法》	HJ 605—2011
		《土壤和沉积物　挥发性有机物的测定　顶空/气相色谱-质谱法》	HJ 642—2013
		《土壤和沉积物　挥发性卤代烃的测定　吹扫捕集/气相色谱-质谱法》	HJ 735—2015
		《土壤和沉积物　挥发性卤代烃的测定　顶空/气相色谱-质谱法》	HJ 736—2015
		《土壤和沉积物　挥发性有机物的测定　顶空/气相色谱法》	HJ 741—2015
		《水质　可萃取性石油烃（C_{10}~C_{40}）的测定　气相色谱法》	HJ 894—2017
		《土壤和沉积物　石油烃（C_{10}~C_{40}）的测定　气相色谱法》	HJ 1021—2019
		《水质　挥发性石油烃（C_6~C_9）的测定　吹扫捕集/气相色谱法》	HJ 893—2017

续表

序号	类别	名称	简称（编号）
4	检测技术	《水质　挥发性有机物的测定　顶空/气相色谱－质谱法》	HJ 810—2016
		《水质　挥发性有机物的测定　吹扫捕集/气相色谱法》	HJ 686—2014
		《水质　挥发性有机物的测定　吹扫捕集/气相色谱－质谱法》	HJ 639—2012
		《水质　挥发性卤代烃的测定　顶空/气相色谱法》	HJ 620—2011
		《水质　酚类化合物的测定　液液萃取/气相色谱法》	HJ 676—2013
		《土壤和沉积物　酚类化合物的测定　气相色谱法》	HJ 703—2014
		《水质　硝基酚类化合物的测定　气相色谱－质谱法》	HJ 1150—2020
		《水质　酚类化合物的测定　气相色谱－质谱法》	HJ 744—2015
		《水质　五氯酚的测定　气相色谱法》	HJ 591—2010
		《土壤和沉积物　半挥发性有机物的测定　气相色谱－质谱法》	HJ 834—2017
		《水质　苯胺类化合物的测定　气相色谱－质谱法》	HJ 822—2017
		《水质　17种苯胺类化合物的测定　液相色谱－三重四极杆质谱法》	HJ 1048—2019
		《土壤和沉积物　多环芳烃的测定　高效液相色谱法》	HJ 784—2016
		《土壤和沉积物　多环芳烃的测定　气相色谱－质谱法》	HJ 805—2016
		《土壤和沉积物　6种邻苯二甲酸酯类化合物的测定　气相色谱－质谱法》	HJ 1184—2021

续表

序号	类别	名称	简称（编号）
4	检测技术	《水质　邻苯二甲酸二甲（二丁、二辛）酯的测定　液相色谱法》	HJ/T 72—2001
		《土壤和沉积物　多氯联苯混合物的测定　气相色谱法》	HJ 890—2017
		《土壤和沉积物　多氯联苯的测定　气相色谱－质谱法》	HJ 743—2015
		《土壤和沉积物　多氯联苯的测定　气相色谱法》	HJ 922—2017
		《土壤和沉积物　苯胺类和联苯胺类的测定　液相色谱－三重四极杆质谱法》	HJ 1210—2021
		《环境监测分析方法标准制订技术导则》	HJ 168—2020
		《水和废水监测分析方法（第四版增补版）》	—
		《土壤和沉积物　12种金属元素的测定　王水提取－电感耦合等离子体质谱法》	—
		《全国土壤污染状况详查土壤样品分析测试方法技术规定》	—
		《土壤氰化物和总氰化物的测定　分光光度法》	HJ 745—2015

序号	相关问题编号	涉及标准规范	具体条文
1	3	《土壤法》第59条、第67条	第59条　对土壤污染状况普查、详查和监测、现场检查表明有土壤污染风险的建设用地地块，地方人民政府生态环境主管部门应当要求土地使用权人按照规定进行土壤污染状况调查。 用途变更为住宅、公共管理与公共服务用地的，变更前应当按照规定进行土壤污染状况调查。 第67条　土壤污染重点监管单位生产经营用地的用途变更或者在其土地使用权收回、转让前，应当由土地使用权人按照规定进行土壤污染状况调查。土壤污染状况调查报告应当作为不动产登记资料送交地方人民政府不动产登记机构，并报地方人民政府生态环境主管部门备案
2	4	《土壤法》第90条、第94条，第95条	第90条 违反《土壤法》规定，受委托从事土壤污染状况调查和土壤污染风险评估、风险管控效果评估、修复效果评估活动的单位，出具虚假调查报告、风险评估报告、风险管控效果评估报告、修复效果评估报告的，由地方人民政府生态环境主管部门处十万元以上五十万元以下的罚款；情节严重的，禁止从事上述业务，并处五十万元以上一百万元以下的罚款；有违法所得的，没收违法所得。 第94条 未按照规定进行土壤污染状况调查的，由地方人民政府生态环境主管部门或者其他负有土壤污染防治监督管理职责的部门责令改正，处二万元以上二十万元以下的罚款；拒不改正的，处二十万元以上一百万元以下的罚款，并委托他人代为履行，所需费用由土壤污染责任人或者土地使用权人承担；对直接负责的主管人员和其他直接责任人员处五千元以上二万元以下的罚款。 第95条 土地使用权人未按照规定将土壤污染调查报告报地方人民政府生态环境主管部门备案的，地方人民政府有关部门责令整改；拒不改正的，处一万元以上五万元以下的罚款
3	5	《土壤法》第59条、第67条	第59条　对土壤污染状况普查、详查和监测、现场检查表明有土壤污染风险的建设用地地块，地方人民政府生态环境主管部门应当要求土地使用权人按照规定进行土壤污染状况调查。 用途变更为住宅、公共管理与公共服务用地的，变更前应当按照规定进行土壤污染状况调查。 第67条　土壤污染重点监管单位生产经营用地的用途变更或者在其土地使用权收回、转让前，应当由土地使用权人按照规定进行土壤污染状况调查。土壤污染状况调查报告应当作为不动产登记资料送交地方人民政府不动产登记机构，并报地方人民政府生态环境主管部门备案

续表

序号	相关问题编号	涉及标准规范	具体条文
4	8	《复垦条例》	第 27 条　历史遗留损毁土地和自然灾害损毁土地调查评价，应当包括下列内容： （一）损毁土地现状调查，包括地类、位置、面积、权属、损毁类型、损毁特征、损毁原因、损毁时间、污染情况、自然条件、社会经济条件等； （二）损毁土地复垦适宜性评价，包括损毁程度、复垦潜力、利用方向及生态环境影响等； （三）土地复垦效益分析，包括社会、经济、生态等效益
		《补充耕地质量验收评定技术规范(试行)》	5.2 调查内容 地形部位、土层厚度、耕层厚度、耕地质地、田面坡度、砾石含量、灌排设施、田间道路及周边污染情况等，各地可根据当地实际情况，增加相关调查内容。若补充耕地地区及周边土壤和水有可能被污染的，还要调查污染源和污染类型等情况。 5.3 调查方法 采用实地测量、农户访谈和专家会商等形式。 6.1 采样密度 根据补充耕地项目类型、地形部位和土壤属性等确定采样密度，每个评价单元至少采集 1 个土壤样品。补充耕地有可能被污染的，要采集用于耕地环境质量指标检测的样品，采样密度根据污染源位置、污染类型和污染程度确定。 6.2 采集方法 按 NY/T 1121. 1 土壤样品的采集、处理和贮存的方法操作。用于耕地环境质量指标检测的样品，按 NY/T 1634 耕地地力调查与质量评价技术规程规定的方法操作。 7.1 检测项目 土壤有机质、全氮、有效磷、速效斜和 pH。各地根据实际情况，增加钙、镜、硫、钢、钟、铁、锺、棚、铝等项目；若土壤质地过砂或过黏的，增加土壤容重、阳离子交换量等项目；在盐碱区和滩涂的补充耕地上，增加耕层水溶性盐总量等项目；在可能被污染的补充耕地上，根据污染类型、污染形态确定检测项目
5	13	《土壤法》	第 67 条　土壤污染重点监管单位生产经营用地的用途变更或者在其土地使用权收回、转让前，应当由土地使用权人按照规定进行土壤污染状况调查

续表

序号	相关问题编号	涉及标准规范	具体条文
5	13	《工矿用地土壤环境管理办法（试行）》	第 16 条　重点单位终止生产经营活动前，应当参照污染地块土壤环境管理有关规定，开展土壤和地下水环境初步调查，编制调查报告
6	17	HJ 25.1—2019	5.1.2 资料的分析 调查人员应根据专业知识和经验识别资料中的错误和不合理的信息，如资料缺失影响判断地块污染状况时，应在报告中说明
7	19	HJ 25.1—2019	5.2 现场踏勘 5.2.1 安全防护准备 在现场踏勘前，根据地块的具体情况掌握相应的安全卫生防护知识，并装备必要的防护用品。 5.2.2 现场踏勘的范围 以地块内为主，并应包括地块的周围区域，周围区域的范围应由现场调查人员根据污染可能迁移的距离来判断。 5.2.3 现场踏勘的主要内容 现场踏勘的主要内容包括地块的现状与历史情况，相邻地块的现状与历史情况，周围区域的现状与历史情况，区域的地质、水文地质和地形的描述等。 5.2.3.1 地块现状与历史情况：可能造成土壤和地下水污染的物质的使用、生产、贮存，“三废”处理与排放以及泄漏状况，地块过去使用中留下的可能造成土壤和地下水污染的异常迹象，如罐、槽泄漏以及废物临时堆放污染痕迹。 5.2.3.2 相邻地块的现状与历史情况：相邻地块的使用现况与污染源，以及过去使用中留下的可能造成土壤和地下水污染的异常迹象，如罐、槽泄漏以及废物临时堆放污染痕迹。 5.2.3.2 周围区域的现状与历史情况：对于周围区域目前或过去土地利用的类型，如住宅、商店和工厂等，应尽可能观察和记录；周围区域的废弃和正在使用的各类井，如水井等；污水处理和排放系统；化学品和废弃物的储存和处置设施；地面上的沟、河、池；地表水体、雨水排放和径流以及道路和公用设施。

续表

序号	相关问题编号	涉及标准规范	具体条文
7	19	HJ 25.1—2019	5.2.3.4 地质、水文地质和地形的描述：地块及其周围区域的地质、水文地质与地形应观察、记录，并加以分析，以协助判断周围污染物是否会迁移到调查地块，以及地块内污染物是否会迁移到地下水和地块之外。 5.2.4 现场踏勘的重点 重点踏勘对象一般应包括：有毒有害物质的使用、处理、储存、处置；生产过程和设备，储槽与管线；恶臭、化学品味道和刺激性气味，污染和腐蚀的痕迹；排水管或渠、污水池或其他地表水体、废物堆放地、井等。 同时应该观察和记录地块及周围是否有可能受污染物影响的居民区、学校、医院、饮用水水源保护区以及其他公共场所等，并在报告中明确其与地块的位置关系。 5.2.5 现场踏勘的方法 可通过对异常气味的辨识、摄影和照相、现场笔记等方式初步判断地块污染的状况。踏勘期间，可以使用现场快速测定仪器
		《工业场地工作指南》	1.2.2 现场踏勘 现场踏勘的目的是通过对场地及其周边环境设施的现场调查，观察场地污染痕迹，核实资料收集的准确性，获取与场地污染有关的线索。场地环境调查人员应采用专业调查表格、GPS 定位仪、摄/录像设备等手段，仔细观察、辨别、记录场地及其周边重要环境状况及其疑似污染痕迹，并可采用 X 射线荧光分析仪（XRF）、光离子检测仪（PID）等野外便携式筛查仪器进行现场快速测量，辅助识别和判断场地污染状况。现场工作人员应遵守安全法规，按照规定的程序和要求进行调查工作。必要时应在进入场地前进行专门的培训，并在企业有关工作人员带领下进行场地环境调查。现场踏勘的范围、内容、方法执行《场地环境调查技术导则》（HJ 25.1）。现场踏勘的重点一般包括： 1.2.2.1 场地可疑污染源 观察所有可见污染源的位置、类型、规模和控制设施（例如防渗材料、结构、老化程度）；观察分析可疑污染物的污染区域、潜在污染途径（如输油管道、油渠、灌溉渠道）及发生污染的可能。

续表

序号	相关问题编号	涉及标准规范	具体条文
7	19	《工业场地工作指南》	1.2.2.2 场地污染痕迹 调查场地污染痕迹，如植被损害、各种容器及排污设施损坏和腐蚀痕迹，场地内的气味、地面、屋顶及墙壁的污渍和腐蚀痕迹等。不同行业的场地污染特征不同，污染物种类和造成污染的环节都不同，需结合各行业的污染特征，有针对性地开展现场踏勘工作。 1.2.2.3 涉及危险物质的场所 危险物质的使用与存储的踏勘包括： （1）使用的危险物质的种类和数量，涉及的容器和储存条件，包括没有封闭或发生损坏的储存容器的数量和容器类型。 （2）地上、地下储存设施及其配套的输送管线情况，记录储藏池（库）数量、储存物质、容量、建设年代、监测数据、周边管线等内容。 （3）各类集水池，考察其是否含危险物质或与其有关。 （4）盛装未知物质的容器不管是否发生泄漏均应调查，包括储存容器的数量、容器类型和储存条件。 （5）电力及液压设备的场地是否使用含多氯联苯的设备。 （6）场地内道路、停车设施及与场地紧邻的市政道路情况，重点识别并察看可能运输危险物质的进场路线。 （7）上述现场是否有强烈的、刺鼻的气味。 （8）询问熟悉生产线情况的人员关于物料是否已从生产线完全卸载，反应釜、塔、容器、管道中的物料是否已基本清除。在确保健康与安全的条件下可进行适当的直接观察。 （9）建筑物内是否有明显的固体废物堆积，观察其存放情况；是否有固体废物存放在容器内，以及容器的密封状况。 （10）设备保温层的完整性，了解保温材料的类型和使用时间。 1.2.2.4 建（构）筑物建（构）筑物调查包括： （1）建（构）筑物的现状及完善情况，如建筑物的数量、层数、大致年代等。 （2）生产装置区、储存区、废物处置场所等区域的地面铺装情况，是否存在由于生产装置的腐蚀和跑冒滴漏造成的地面、屋顶、墙壁的污渍和腐蚀痕迹。

续表

序号	相关问题编号	涉及标准规范	具体条文
7	19	《工业场地工作指南》	（3）采暖和制冷系统所用冷热媒介质的类型及储存情况。 （4）建（构）筑物及各种管线保温情况，重点关注石棉的使用、贮存等情况。 （5）生产装置区、储存区、废物处置场所等以外区域的室外地面铺装情况，地面污渍痕迹，以及室外可能因污染引起的植被生长不正常情况。 （6）生产排放的污水水质，相关的处理构筑物（如排水管、排水沟、水池等）的使用情况，污水处理系统的建设年代和处理工艺等。 （7）明显堆积或填充废弃的建筑垃圾或其他固体废物形成的土堆、洼地等。 （8）场地内所有的水井，是否存在颜色、气味等水质异常情况。 1.2.2.5 周边相邻区域 现场踏勘应包括场地的周围区域，踏期勘范围应由现场调查人员根据污染迁移情况来判断。 周边相邻区域调查包括: （1）场地四周相邻企业，包括企业污染物排放源、污染物排放种类等，并分析其是否与评价场地污染存在关联。 （2）场地附近已确定的污染场地，重点调查已确认污染场地的污染物，以及对本场地的环境影响和污染途径。 （3）观察和记录场地及周围是否有可能受污染物影响的居民区、学校、医院、饮用水水源保护区以及其他公共场所等地点，并在报告中明确其与场地的位置关系
8	20	HJ 25.1—2019	4.2.1 第一阶段土壤污染状况调查 第一阶段土壤污染状况调查是以资料收集、现场踏勘和人员访谈为主的污染识别阶段，原则上不进行现场采样分析。 5.2.5 现场踏勘的方法 可通过对异常气味的辨识、拍摄、现场笔记等方式初步判断地块污染的状况。踏勘期间，可以使用现场快速测定仪器

续表

序号	相关问题编号	涉及标准规范	具体条文
8	20	《工业场地工作指南》	1.2.2 现场踏勘 现场踏勘的目的是通过对场地及其周边环境设施的现场调查，观察场地污染痕迹，核实资料收集的准确性，获取与场地污染有关的线索。场地环境调查人员应采用专业调查表格、GPS 定位仪、摄 / 录像设备等手段，仔细观察、辨别、记录场地及其周边重要环境状况及其疑似污染痕迹，并可采用 X 射线荧光分析仪（XRF）、光离子检测仪（PID）等野外便携式筛查仪器进行现场快速测量，辅助识别和判断场地污染状况
9	22	HJ 25.1—2019	5.3 人员访谈 5.3.1 访谈内容 应包括资料收集和现场踏勘所涉及的疑问，以及信息补充和已有资料的考证。 5.3.2 访谈对象 受访者为地块现状或历史的知情人，应包括地块管理机构和地方政府的官员、环境保护行政主管部门的官员、地块过去和现在各阶段的使用者、以及地块所在地或熟悉地块的第三方，如相邻地块的工作人员和附近的居民。 5.3.5 访谈方法 可采取当面交流、电话交流、电子或书面调查表等方式进行。 5.3.4 内容整理 应对访谈内容进行整理，并对照已有资料，对其中可疑处和不完善处进行核实和补充，作为调查报告的附件
		《工业场地工作指南》	1.2.3 人员访谈 对场地知情人员采取咨询、发放调查表等形式进行访谈，包括场地管理机构和地方政府官员、环境保护主管部门官员、场地过去和现在各阶段的使用者、相邻场地的工作人员和居民等。访谈内容、对象、方法、内容整理及分析依据《场地环境调查技术导则》（HJ 25.1）

续表

序号	相关问题编号	涉及标准规范	具体条文
10	24	HJ 25.1—2019	5.4 结论与分析 本阶段调查结论应明确地块内及周围区域有无可能的污染源，并进行不确定性分析。若有可能的污染源，应说明可能的污染类型、污染状况和来源，并应提出第二阶段土壤污染状况调查的建议
		《工业场地工作指南》	1.4 分析判断 污染识别阶段分析判断的目的是确定是否可能污染。若场地发现污染痕迹、或被认为存在潜在污染以及无法判断污染可能性时，例如未发现污染痕迹，但生产中使用危险化学品及石油产品、或排放有毒有害物质的场地，因历史状况不清等原因无法判断场地是否受到污染时，应作为潜在污染场地。 若判断结果为可能污染，应进一步建立场地初步概念模型。场地概念模型是综合描述场地污染源释放的污染物通过土壤、水、空气等环境介质进入人体，并对场地周边及场地未来居住、工作人群的健康产生影响的关系模型。场地概念模型包括污染源、污染物的迁移途径、人体接触污染的介质和方式等，一般随着调查和评估的深入逐步完善和细化。场地污染概念模型应包括： （1）场地应关注的污染物种类：根据生产工艺、原辅材料、产品种类、“三废”等情况，以及残留的原生污染物受物理化学过程影响产生的次生污染物，分析场地可能存在的污染物种类。钢铁和杀虫剂类农药行业场地的关注污染物可参考附录。 （2）场地潜在污染区域：根据场地生产装置、各种管线、危险化学品及石油产品储存设施、污染物排放方式、现场污染痕迹、污染物的迁移特性等，分析场地潜在污染区域。 （3）水文地质条件分析；结合污染物特征，分析场地地层分布情况、地下水分布特征等影响污染物在环境介质中迁移转化的水文地质条件。
			（4）污染物特征及其在环境介质中的迁移分析：①原辅材料和产品运输过程中，由于泄漏、挥发和事故进入周边环境；②生产过程中产生的废气和烟（粉）尘通过大气扩散至生产设施周边甚至厂房以外；③废水排放沟渠破裂时进入土壤和地下水；④废物堆存点污染物经雨水淋洗并随地表径流扩散进入附近河流；⑤废物堆存点污染物或污染土壤经降雨淋滤进入地下水，并随地下径流在地下水流方向迁移。

续表

序号	相关问题编号	涉及标准规范	具体条文
10	24	《工业场地工作指南》	（5）受体分析：根据污染场地未来用地规划，分析确定未来受污染场地影响的人群。 （6）暴露途径分析：根据未来人群的活动规律和污染在环境介质的迁移规律，分析和确定未来人群接触污染物的暴露点，分析和建立暴露途径。 （7）危害识别：在前述分析的基础上，初步进行场地污染物危害识别
11	25	《工业场地工作指南》	1.4 分析判断 污染识别阶段分析判断的目的是确定是否可能污染。若场地发现污染痕迹、或被认为存在潜在污染以及无法判断污染可能性时，例如未发现污染痕迹，但生产中使用危险化学品及石油产品、或排放有毒有害物质的场地，因历史状况不清等原因无法判断场地是否受到污染时，应作为潜在污染场地。 若判断结果为可能污染，应进一步建立场地初步概念模型。场地概念模型是综合描述场地污染源释放的污染物通过土壤、水、空气等环境介质进入人体，并对场地周边及场地未来居住、工作人群的健康产生影响的关系模型。场地概念模型包括污染源、污染物的迁移途径、人体接触污染的介质和方式等，一般随着调查和评估的深入逐步完善和细化。场地污染概念模型应包括： （1）场地应关注的污染物种类：根据生产工艺、原辅材料、产品种类、“三废”等情况，以及残留的原生污染物受物理化学过程影响产生的次生污染物，分析场地可能存在的污染物种类。钢铁和杀虫剂类农药行业场地的关注污染物可参考附录 1 和附录 2。 （2）场地潜在污染区域：根据场地生产装置、各种管线、危险化学品及石油产品储存设施、污染物排放方式、现场污染痕迹、污染物的迁移特性等，分析场地潜在污染区域。 （3）水文地质条件分析：结合污染物特征，分析场地地层分布情况、地下水分布特征等影响污染物在环境介质中迁移转化的水文地质条件。

续表

序号	相关问题编号	涉及标准规范	具体条文
11	25	《工业场地工作指南》	（4）污染物特征及其在环境介质中的迁移分析：①原辅材料和产品运输过程中，由于泄漏、挥发和事故进入周边环境；②生产过程中产生的废气和烟（粉）尘通过大气扩散至生产设施周边甚至厂房以外；③废水排放沟渠破裂时进入土壤和地下水；④废物堆存点污染物经雨水淋洗并随地表径流扩散进入附近河流；⑤废物堆存点污染物或污染土壤经降雨淋滤进入地下水，并随地下径流在地下水流方向迁移。 （5）受体分析：根据污染场地未来用地规划，分析确定未来受污染场地影响的人群。 （6）暴露途径分析：根据未来人群的活动规律和污染在环境介质的迁移规律，分析和确定未来人群接触污染物的暴露点，分析和建立暴露途径。 （7）危害识别：在前述分析的基础上，初步进行场地污染物危害识别
		《建设用地调查评估指南（2017）》	（六）风险评估要点 1. 建立污染地块概念模型 概念模型的内容包括污染来源、潜在受体以及暴露途径（即污染到达受体的途径）。概念模型应当贯穿于土壤环境调查和风险评估整个过程，并随着调查的深入，不断完善
12	26	HJ 25.1—2019	6.3.3 现场检测 可采用便携式有机物快速测定仪、重金属快速测定仪、生物毒性测试等现场快速筛选技术手段进行定性或定量分析，可采用直接贯入设备现场连续测试地层和污染物垂向分布情况，也可采用土壤气体现场检测手段和地球物理手段初步判断地块污染物及其分布，指导样品采集及监测点位布设。采用便携式设备现场测定地下水水温、pH、电导率、浊度和氧化还原电位等
		《工业场地工作指南》	2.4.6.1 便携式仪器调查 常用的便携式仪器包括检测挥发性气体的光离子化检测仪（PID）、检测重金属的X射线荧光分析仪（XRF）等。实际操作时，可根据便携仪器的测量值，确定具体的采样位置。一般可用洛阳铲、手动螺旋钻等在采样点处凿孔，并使用便携仪器测定污染物组分的浓度；在初步采样和详细采样认定的污染较重的区域，可采用便携仪器进行加密检测

续表

序号	相关问题编号	涉及标准规范	具体条文
12	26	HJ 25.2—2019	8.1 现场样品分析 8.1.1 在现场样品分析过程中，可采用便携式分析仪器设备进行定性和半定量分析。 8.1.2 水样的温度须在现场进行分析测试，溶解氧、pH、电导率、色度、浊度等监测项目亦可在现场进行分析测试，并应保持监测时间一致性。 8.1.3 采用便携式仪器设备对挥发性有机物进行定性分析，可将污染土壤置于密闭容器中，稳定一定时间后测试容器中顶部的气体
		HJ 1019—2019	5.2 样品筛查 5.2.1 视目标化合物和现场条件选择适当的便携式有机物快速测定仪（4.2.3.1）对土壤中挥发性有机物进行初步检测筛查。便携式有机物快速测定仪的选择参考附录 C，若选择便携式光离子化检测仪，应确保仪器的紫外灯电能高于目标化合物的电离电位
13	27	HJ 25.1—2019	6.4.1 实验室检测分析 委托有资质的实验室进行样品检测分析
		《工业场地工作指南》	2.2.5.3 其他要求 样品分析方法首选国家标准和规范中规定的分析方法。对国内没有标准分析方法的项目，可以参照国外的方法
		HJ 25.2—2019	8.1 现场样品分析 8.1.1 在现场样品分析过程中，可采用便携式分析仪器设备进行定性和半定量分析。 8.1.2 水样的温度须在现场进行分析测试，溶解氧、pH、电导率、色度、浊度等监测项目亦可在现场进行分析测试，并应保持监测时间一致性。

续表

序号	相关问题编号	涉及标准规范	具体条文
13	27	HJ 25.2—2019	8.2 实验室样品分析 8.2.1 土壤样品分析 土壤样品关注污染物的分析测试应参照 GB 36600 和 HJ/T 166 中的指定方法。土壤的常规理化特征土壤 pH、粒径分布、密度、孔隙度、有机质含量、渗透系数、阳离子交换量等的分析测试应按照 GB 50021 执行。污染土壤的危险废物特征鉴别分析，应按照 GB 5085 和 HJ 298 中的指定方法。 8.2.2 其他样品分析 地下水样品、地表水样品、环境空气样品、残余废弃物样品的分析应分别按照 HJ/T 164、HJ/T 91、GB 3095、GB 14554、GB 5085 和 HJ 298 中的指定方法进行
		GB 36600—2018	6.2 土壤污染物分析方法按表 3 执行。暂未制定分析方法标准的污染物项目，待相应分析方法标准发布后实施
14	33	GB 15618—2018	1 适用范围 本标准规定了农用地土壤污染风险筛选值和管制值，以及检测、实施和监督要求。 本标准适用于耕地土壤污染风险筛查和分类。园地和牧草地可参照执行
		《土壤法》	第 31 条　对未利用地应当予以保护，不得污染和破坏
15	38	HJ 164—2020	5.1.1 环境监测井建设要求 5.1.1.1 环境监测井建设应遵循一井一设计，一井一编码，所有监测井统一编码的原则。在充分搜集掌握拟建监测井地区有关资料和现场踏勘基础上，因地制宜，科学设计。 5.1.1.2 监测井建设深度应满足监测目标要求。监测目标层与其他含水层之间须做好止水，监测井滤水管不得越层，监测井不得穿透目标含水层下的隔水层的底板。 5.1.1.3 监测井的结构类型包括单管单层监测井、单管多层监测井、巢式监测井、从式监测井、连续多通道监测井。

续表

序号	相关问题编号	涉及标准规范	具体条文
15	38	HJ 164—2020	5.1.1.4 监测井建设包括监测井设计、施工、成井、抽水试验等内容，参照 DZ/T0270 相关要求执行。 a）监测井所采用的构筑材料不应改变地下水的化学成分，即不能干扰监测过程中对地下水中化合物的分析。 b）施工中应采取安全保障措施，做到清洁生产文明施工。避免钻井过程污染地下水。 c）监测井取水位置一般在目标含水层的中部，但当水中含有重质非水相液体时，取水位置应在含水层底部和不透水层的顶部；水中含有轻质非水相液体时，取水位置应在含水层的顶部。 d）监测井滤水管要求，丰水期间需要有 1 m 的滤水管位于水面以上；枯水期需有 1 m 的滤水管位于地下水面以下。 e）井管的内径要求不小于 50 mm，以能够满足洗井和取水要求的口径为准。 f）井管各接头连接时不能用任何黏合剂或涂料，推荐采用螺纹式连接井管。 g）监测井建设完成后必须进行洗井，保证监测井出水水清砂净。常见的方法包括超量抽水、反冲、汲取及气洗等。 h）洗井后需进行至少 1 个落程的定流量抽水试验，抽水稳定时间达到 24 h 以上，待水位恢复后才能采集水样
16	39	DZ/T 0270—2014	5.2 要求 5.2.1 监测井设计深度宜揭穿目的含水层（组）。 5.2.2 监测井的井径应满足洗井维护的要求，井管外径设计应不小于 146 mm。 5.2.4 监测井设计内容主要包括： a）监测井编号及位置； b）测井深度及监测目的层和动态要素； c）井、孔结构； d）施工设备及施工工艺； e）物探测井；

续表

序号	相关问题编号	涉及标准规范	具体条文
16	39	DZ/T 0270—2014	f）滤水管、砾料； g）止水及封孔； h）抽水试验方法及设备； i）井口保护及仪器安装； j）安全及环保措施等
		T/CAEPI 14—2018	8.1.4 监测井建设除应符合HJ/T 164的要求外，井管材质、直径及连接方式还应符合下列规定： a）井管材质应选择坚固、耐腐蚀、不会对地下水水质造成污染的管材，并满足监测井强度要求。当监测目标污染物为有机物时，宜选择不锈钢、聚四氟乙烯（PVC）材质管件；当监测目标污染物为无机物或地下水的腐蚀性较强时，宜选择聚氯乙烯、聚四氟乙烯（PTFE）材质管件。具体材质选择可参考DB11/T 1311。 b）监测井管直径应满足洗井和采样要求，宜选择直径50~100 mm的井管；当该井同时作为抽水试验或修复用井时，井管直径可适当增大；钻探成孔直径宜超过井管直径不少于100 mm，即围填滤料厚度不宜小于50 mm。 c）井管连接可采用螺纹或丝扣等机械式连接，不应使用可能污染地下水水质的连接材料，并避免连接处发生渗漏。 8.1.5 过滤管的设置应符合下列要求： a）过滤管应置于监测目标含水层过滤管的孔隙大小应能防止90%的滤料进入井内。 b）过滤管长度应根据地下水中污染物特征和水位动态确定，长度不宜超过6 m。若采集不同深度含水层水样，包括不同含水层及同一含水层不同深度水样时，可分层设置多个监测井。 c）过滤管应置于拟采样含水层中以取得代表性水样。当监测比水轻的非水相液体（LNAPL）时，过滤管位置应靠近含水层的上缘；当监测比水重的非水相液体（DNAPL）时，过滤管位置应靠近含水层的下缘，或置于污染物可能分布的最大深度，应避免穿透隔水层而造成污染物继续往下迁移。 d）过滤管底部须用螺纹式接头底盖封实，底座部分需有垫圈防漏。

续表

序号	相关问题编号	涉及标准规范	具体条文
16	39	T/CAEPI 14—2018	8.1.6 监测井滤料围填应符合下列要求： a）井管和钻孔之间由下至上依次围填主要滤料层、次要滤料层、止水层、回填层。 b）主要滤料层位于过滤管周围，应填充至超过过滤管上部 60 cm，滤料宜选用石英砂滤料的粒径宜根据目标含水层土壤的粒径确定。 c）次要滤料层宜填充大于 20 cm 厚的直径为 0.1~2 mm 的石英砂。 d）止水层应填充大于 60 cm 厚的直径为 0.6~1.2 cm 的球状或扁平状膨润土颗粒，确保监测井目的层与其他层之间止水良好；止水材料必须无毒、无味、不污染水质。 e）回填层可用水泥浆、含 5% 膨润土的水泥浆或膨润土浆回填至地表，固定井管并防止地表渗漏影响监测。 f）填料过程应选择合适填充工艺，避免出现架桥、卡锁或填充不实等现象
		DB11/T 1311—2015	5.3.2 井管口径、材质及连接方式应符合下列规定： 1. 井管的口径应满足洗井和采样要求，宜选择 DN50mm 的井管；当该井同时作为抽水试验或修复用井时，宜选择不小于 DN100mm 的井管；钻探成孔直径宜超过井管直径不少于 100 mm，即围填滤料厚度不宜小于 50 mm。 2. 井管材质应满足监测井强度要求，并保证采集水样不受污染。 3. 井管连接不应使用有机黏结剂
17	45	HJ 1019—2019	5 土壤采样 5.1 钻探取土 5.1.1 应结合地块所在地区的地层条件、钻探的作业条件和勘查的方案要求来选择经济有效的钻探方法，防止土壤扰动、发热，减少挥发性有机物的挥发损失。应采用冲击钻探法或直压式钻探法等钻孔方式，不允许采用空气钻探法和回转钻探法。常用钻探方法优缺点及对土层的适应性参见附录 A。 5.1.2 表层土壤和深层土壤的采样均应采用钻孔方式，可根据土层特征选择合适的土壤机械钻探设备（4.2.1.1）或土壤手工钻探设备（4.2.1.2）。

续表

序号	相关问题编号	涉及标准规范	具体条文
17	45	HJ 1019—2019	5.1.3 土壤机械钻探设备（4.2.1.1）应配置原状取土器（4.2.1.3），获取完整的原状土芯。 5.1.4 钻孔过程中应使用套管，套管之间的螺纹连接处不应使用润滑油。 5.1.5 现场钻探记录内容参见附录 B。 5.2 样品筛查 5.2.1 视目标化合物和现场条件选择适当的便携式有机物快速测定仪对土壤中挥发性有机物进行初步检测筛查。若选择便携式光离子化检测仪，应确保仪器的紫外灯电能高于目标化合物的电离电位。 5.2.2 采用便携式有机物快速测定仪对土壤样品进行筛查时，操作流程如下： a) 按照设备说明书和设计要求校准仪器； b) 将土壤样品装入自封袋中 1/3~1/2 体积，封闭袋口； c) 适度揉碎样品，对已冻结的样品，应置于室温下解冻后揉碎； d) 样品置于自封袋中约 10 min 后，摇晃或振动自封袋约 30 s，之后静置约 2 min； e) 将便携式有机物快速测定仪探头伸至自封袋约 1/2 顶空处，紧闭自封袋； f) 在便携式有机物快速测定仪探头伸入自封袋后的数秒内，记录仪器的最高读数。 5.2.3 对每个监测点位，表层土壤和深层土壤垂直方向层次的划分执行 HJ 25.2 的相关规定，采样深度的具体间隔须根据便携式有机物快速测定仪读数进行调整，一般应选择读数相对较高的土壤样品送实验室检测分析。 5.3 样品采集 5.3.1 在土壤样品采集过程中应尽量减少对样品的扰动，禁止对样品进行均质化处理，不得采集混合样。 5.3.2 当采集用于测定不同类型污染物的土壤样品时，应优先采集用于测定挥发性有机物的土壤样品。 5.3.3 使用非扰动采样器采集土壤样品。若使用一次性塑料注射器采集土壤样品，针筒部分的直径应能够伸入 40 ml 土壤样品瓶的颈部。针筒末端的注射器部分在采样之前应切断。若使用不锈钢专用采样器，采样器需配有助推器，可将土壤推入样品瓶中。不应使用同一非扰动采样器采集不同采样点位或深度的土壤样品。

续表

序号	相关问题编号	涉及标准规范	具体条文
17	45	HJ 1019—2019	5.3.4 如直接从原状取土器中采集土壤样品，应刮除原状取土器中土芯表面约 2 cm 的土壤（直压式取土器除外），在新露出的土芯表面采集样品；如原状取土器中的土芯已经转移至垫层，应尽快采集土芯中的非扰动部分。 5.3.5 在 40 ml 土壤样品瓶中预先加入 5 ml 或 10 ml 甲醇（农药残留分析纯级），以能够使土壤样品全部浸没于甲醇中的用量为准，称重（精确到 0.01 g）后，带到现场。采集约 5 g 土壤样品，立即转移至土壤样品瓶中。土壤样品转移至土壤样品瓶过程中应避免瓶中的甲醇溅出，转至土壤样品瓶后应快速清除掉瓶口螺纹处黏附的土壤，拧紧瓶盖，清除土壤样品瓶外表面上黏附的土壤。 5.3.6 用 60 ml 土壤样品瓶（或大于 60 ml 其他规格的样品瓶）另外采集一份土壤样品，用于测定土壤中干物质的含量
		HJ 605—2011	7.1 样品的采集 土壤和沉积物样品的采集分别参照 HJ/T 166 和 GB 17378.3 的相关规定。可在采样现场使用用于挥发性有机物测定的便携式仪器对样品进行目标物含量高低的初筛。所有样品均应至少采集 3 份平行样品，并用 60 ml 样品瓶（或大于 60 ml 其他规格的样品瓶）另外采集一份样品，用于测定高含量样品中的挥发性有机物和样品含水率。 7.1.1 手工进样方式的采样方法 本采样方法适用于无自动进样器的吹扫捕集装置。 用铁铲或药勺将样品尽快采集至 60 ml 样品瓶（或大于 60 ml 其他规格的样品瓶）中，并尽量填满。快速清除掉样品瓶螺纹及外表面上黏附的样品，密封样品瓶。 7.1.2 自动进样方式的采样方法 本采样方法适用于带有自动进样器的吹扫捕集装置。 采样前，在每个 40 ml 棕色样品瓶中放一个清洁的磁力搅拌棒，密封，贴标签并称重（精确至 0.01 g），记录其重量并在标签上注明。采样时，用采样器采集适量样品到样品瓶中，快速清除掉样品瓶螺纹及外表面上黏附的样品，密封样品瓶。

续表

序号	相关问题编号	涉及标准规范	具体条文
17	45	HJ 605—2011	注 1：若使用一次性塑料注射器采集样品，针筒部分的直径应能够伸入 40 ml 样品瓶的颈部。针筒末端的注射器部分在采样之前应切断。一个注射器只能用于采集一份样品。若使用不锈钢专用采样器，采样器需配有助推器，可将土壤推入样品瓶。 注 2：若初步判定样品中目标物含量小于 200 μg/kg 时，采集约 5 g 样品；若初步判定样品中目标物含量大于等于 200 μg/kg 时，应分别采集约 1 g 和 5 g 样品
		HJ 642—2013	7.1.1 样品采集 按照 HJ/T 166 的相关规定进行土壤样品的采集和保存。按照 GB 17378.3 的相关规定进行沉积物样品的采集和保存。采集样品的工具应用金属制品，用前应经过净化处理。可在采样现场使用用于挥发性有机物测定的便携式仪器对样品进行浓度高低的初筛。所有样品均应至少采集 3 份平行样品。用铁铲或药勺将样品尽快采集到样品瓶中，并尽量填满。快速清除掉样品瓶螺纹及外表面上黏附的样品，密封样品瓶。置于便携式冷藏箱内，带回实验室。 注 2：当样品中挥发性有机物浓度大于 1 000 μg/kg 时，视该样品为高含量样品。 注 3：样品采集时切勿搅动土壤及沉积物，以免造成土壤及沉积物中有机物的挥发
		HJ 735—2015	6.1 样品的采集 按照 HJ/T 166 和 GB 17378.3 的相关要求采集土壤样品和沉积物样品。可在采样现场使用便携式 VOC 测定仪对样品进行浓度高低的初筛。低浓度样品均应至少采集 3 份平行样品。采样前在样品瓶中放置磁力搅拌子，密封，称重（精确至 0.01 g）。采集约 5 g 样品至样品瓶中，快速清除掉样品瓶螺纹及外表面上黏附的样品，立即密封样品瓶。另外采集一份样品于采样瓶中用于高含量样品和含水率的测定。样品采集后置于便携式冷藏箱内带回实验室。 注 1：现场初步筛选挥发性卤代烃含量测定结果大于 200 μg/kg 时，视该样品为高含量样品
		HJ 736—2015	6.1 样品的采集 按照 HJ/T 166 和 GB 17378.3 的相关要求采集土壤和沉积物样品。在采样现场使用便携式 VOC 测定仪对样品浓度高低进行初筛，并标记。所有样品均应至少采集 3 个平行样品。尽快采集样品于采样瓶中并尽量填满，快速清除掉采样瓶螺纹及外表面上黏附的样品，密封采样瓶。 注 1：现场初步筛选挥发性卤代烃含量测定结果大于 200 μg/kg 时，视该样品为高含量样品

续表

序号	相关问题编号	涉及标准规范	具体条文
17	45	HJ 741—2015	6.1 样品的采集和保存 根据 HJ/T 166、GB 17378.3 的相关要求进行土壤和沉积物样品的采集和保存。采集样品的工具应用金属制品，用前应经过进行清洗。所有样品均应至少采集 3 份代表性样品。 6.1.1 样品采集时加饱和氯化钠溶液 22 ml 顶空瓶中加入 10.0 ml 饱和氯化钠溶液，称重（精确至 0.01 g）后，带到现场。用采样器采集约 2 g 的土壤或沉积物样品于顶空瓶中，立即密封，置于冷藏箱内，带回实验室。 6.1.2 样品采集时未加饱和氯化钠溶液 用铁铲或药勺将样品尽快采集到采样瓶中，并尽量填满。快速清除掉采样瓶螺纹及外表面上黏附的样品，密封采样瓶。置于便携式冷藏箱内，带回实验室。采样瓶中的样品用于土壤中干物质含量、沉积物含水率和高含量样品的测定。 注 2：可在采样现场使用用于挥发性有机物测定的便携式仪器对样品进行浓度高低的初筛。当样品中挥发性有机物浓度大于 1 000 μg/kg 时，视该样品为高含量样品。 注 3：样品采集时切勿搅动土壤及沉积物，以免造成土壤及沉积物中有机物的挥发。样品运回实验室后应尽快分析。若不能立即分析，应在 4℃以下密封保存，保存期限不超过 7 d。样品存放区域应无挥发性有机物干扰
18	46	HJ 894—2017	7.2.3 试样净化 依次用 10 ml 二氯甲烷 – 正己烷溶液（*v/v*，1/4）、10 ml 正己烷活化净化柱，待柱上正己烷近干时，将浓缩液全部转移至净化柱中，用约 2 ml 正己烷洗涤收集瓶，洗涤液一并上柱，用 10 ml 二氯甲烷 – 正己烷（*v/v*，1/4）溶液进行洗脱，靠重力自然流下，收集洗脱液于浓缩瓶中。 注：1 g 硅酸镁净化柱对石油烃的净化能力为 5 mg，若测定结果石油烃总量超过 5 mg，则萃取液需合理稀释后分取，重新净化后测定
		HJ 1021—2019	13 注意事项 13.2 当经净化的试样进样后基线明显上升且没有下降时考虑净化小柱已穿透，需重复净化步骤

续表

序号	相关问题编号	涉及标准规范	具体条文
19	47	HJ 894—2017	8.2 校准 取 5 个 10 ml 棕色容量瓶，分别加入适量的正己烷，用微量注射器分别加入 10.0 μl、50.0 μl、100 μl、500 μl、1 000 μl 的 C_{10}~C_{40} 正构烷烃标准溶液，用正己烷定容，混匀。配制成各正构烷烃质量浓度分别为 1.0 mg/L、5.0 mg/L、10.0 mg/L、50.0 mg/L、100 mg/L，即 C_{10}~C_{40} 总质量浓度分别为 31.0 mg/L、155 mg/L、310 mg/L、1 550 mg/L、3 100 mg/L 的标准系列。以标准系列总质量浓度（mg/L）为横坐标，对应的总色谱峰峰面积为纵坐标，建立校准曲线。 9 结果计算与表示 9.1 定性分析 根据色谱图组分保留时间对目标化合物进行定性。C_{10}~C_{40} 目标化合物采用定总量的方式，即目标化合物积分从 n-$C_{10}H_{22}$（包含）出峰开始时开始，到 n-$C_{40}H_{82}$（包含）出峰结束，计算 C_{10}~C_{40} 的总峰面积（此处峰面积为扣除柱流失后的总峰面积）。 9.2 定量分析 根据保留时间窗口内目标化合物的总峰面积（此处的总峰面积为扣除柱流失后的总峰面积），由外标法得出目标化合物的总浓度。 13 注意事项 13.1 由于本方法定量方式为 $C_{10}H_{22}$ ~$C_{40}H_{82}$ 总峰面积积分，如果柱流失过大会导致结果偏高，因此需定期检查柱流失的谱图，以免色谱柱性能变化带来偏差
		HJ 1021—2019	8.2 校准 8.2.1 石油烃 C_{10}~C_{40} 保留时间窗的确定 取 1.0 μl 正癸烷 – 正四十烷混合溶液，按照气相色谱参考条件进行保留时间窗的确定。根据正癸烷的出峰开始时间确定石油烃（C_{10}~C_{40}）的开始时间，正四十烷出峰结束时间确定石油烃（C_{10}~C_{40}）的结束时间。

续表

序号	相关问题编号	涉及标准规范	具体条文
19	47	HJ 1021—2019	8.2.2 校准曲线的建立 用微量注射器分别移取适量的石油烃（C_{10}～C_{40}）标准溶液，用正己烷稀释混匀。配制成石油烃（C_{10}～C_{40}）质量浓度分别为 0 mg/L、248 mg/L、775 mg/L、1 550 mg/L、3 100 mg/L、9 300 mg/L 的标准系列。按照气相色谱参考条件，从低浓度到高浓度依次测定。以浓度为横坐标，以确定的保留时间窗内总峰面积为纵坐标，建立校准曲线。 9.1 定性分析 根据石油烃（C_{10}～C_{40}）保留时间窗对目标化合物进行定性，即从正癸烷出峰开始到正四十烷出峰结束，连接一条水平基线进行积分。 9.2 定量分析 根据建立的校准曲线，石油烃（C_{10}～C_{40}）定性时间窗内总峰面积，外标法定量。 注 1：由于分析石油烃（C_{10}～C_{40}）的气相色谱条件会引起显著的柱流失，使基线上升，因此石油烃（C_{10}～C_{40}）的总峰面积应扣除柱流失的面积。 注 2：测定石油烃（C_{10}～C_{40}）时，一些化合物不能色谱分离导致在色谱图上出现“驼峰”，这些“驼峰”是不同油品的特征峰
20	48	HJ 1019—2019	7.2 质量控制 7.2.1 土壤平行样的采集分别执行相关土壤和水质环境监测分析方法标准的规定。 7.2.2 每批次土壤或地下水样品均应采集 1 个全程序空白样。采样前在实验室将 5 ml 或 10 ml 甲醇（土壤样品）或将二次蒸馏水或通过纯水设备制备的水作为空白试剂水（地下水样品）放入 40 ml 土壤样品瓶或地下水样品瓶中密封，将其带到现场。与采样的样品瓶同时开盖和密封，随样品运回实验室，按与样品相同的分析步骤进行处理和测定，用于检查样品采集到分析全过程是否受到污染。

续表

序号	相关问题编号	涉及标准规范	具体条文
20	48	HJ 1019—2019	7.2.3 每批次土壤或地下水样品均应采集 1 个运输空白样。采样前在实验室将 5 ml 或 10 ml 甲醇（土壤样品）或将二次蒸馏水或通过纯水设备制备的水作为空白试剂水（地下水样品）放入 40 ml 土壤样品瓶或地下水样品瓶中密封，将其带到现场。采样时使其瓶盖一直处于密封状态，随样品运回实验室，按与样品相同的分析步骤进行处理和测定，用于检查样品运输过程中是否受到污染。 7.2.4 每批次地下水样品应采集 1 个设备空白样。采样前从实验室将二次蒸馏水或通过纯水设备制备的水作为空白试剂水带到现场，使用适量空白试剂水浸泡清洁后的采样设备、管线，尽快收集浸泡后的水样，放入地下水样品瓶中密封，随样品运回实验室，按与样品相同的分析步骤进行处理和测定，用于检查采样设备是否受到污染。设备空白样一般应在完成潜在污染较重的监测井地下水采样之后采集
		HJ 893—2017	11.1 空白测定 11.1.1 实验室空白 每 20 个样品或每批次（少于 20 个样品）应做一个实验室空白。实验室空白中目标化合物测定结果应低于方法检出限。 11.1.2 全程序空白 全程序空白中目标化合物测定结果应低于方法检出限
		HJ 810—2016	10.3 样品 10.3.1 每批样品须至少做一个全程序空白和一个实验室空白，测定结果中目标物浓度应低于方法检出限。不应将空白样品中检出的目标化合物浓度在样品中扣除
		HJ 741—2015	10.3 实验室空白试验分析结果中所有待测目标化合物浓度均应低于方法检出限。否则，需查明原因，及时消除，至实验室空白测定结果合格后，才可继续进行样品分析。 10.4 每批样品至少应采集一个运输空白。其分析结果应小于方法检出限，否则需查找原因，排除干扰后重新采集样品分析

续表

序号	相关问题编号	涉及标准规范	具体条文
20	48	HJ 736—2015	10.3 空白 每批样品应至少测定一个全程序空白样品，目标物浓度应小于方法检出限。如果目标物有检出，需查找原因
		HJ 735—2015	10.3 空白 每批样品应至少测定一个全程序空白样品，目标物浓度应小于方法检出限。如果目标物有检出，需查找原因
		HJ 686—2014	11.1 空白分析 11.1.1 实验室空白 要求实验室空白分析结果中，所有待测目标化合物浓度均应低于方法检出限。当发现空白中某个或者某些目标化合物组分测定浓度高于方法检出限时，应检查所有可能对实验室空白产生影响的环节，如所用试剂、溶剂、标准样品、玻璃器具和其他用于前处理的部件等，仔细查找干扰源，及时消除，至实验室空白检验分析合格后，才能继续进行样品分析。 11.1.2 运输空白 采样前在实验室将一份空白试剂水放入样品瓶中密封，将其带到现场。采样时对其瓶盖一直处于密封状态，随样品运回实验室，按与样品相同的分析步骤进行处理和测定，用于检查样品运输过程中是否受到污染。 11.1.3 全程序空白 采样前在实验室将一份空白试剂水放入样品瓶中密封，将其带到现场。与采样的样品瓶同时开盖和密封，随样品运回实验室，按与样品相同的分析步骤进行处理和测定，用于检查样品采集到分析全过程是否受到污染。如全程序空白中目标化合物高于检出限时，不能从样品结果中扣除空白值。应检查所有可能对全程序空白产生影响的环节，仔细查找干扰源。如果确实发现采样、运输或保存过程存在影响分析结果的干扰，需对出现问题批次的样品进行重新采样分析

续表

序号	相关问题编号	涉及标准规范	具体条文
20	48	HJ 642—2013	11.3 样品 11.3.1 空白试验分析结果应满足如下任一条件的最大者： (1) 目标物浓度小于方法检出限； (2) 目标物浓度小于相关环保标准限值的 5%； (3) 目标物浓度小于样品分析结果的 5%。 若空白试验未满足以上要求，则应采取措施排除污染并重新分析同批样品。 11.3.2 每批样品至少应采集一个运输空白和全程序空白样品。其分析结果应满足空白试验的控制指标，否则需查找原因，排除干扰后重新采集样品分析
		HJ 639—2012	11.7.1 每批样品至少应采集一个运输空白和全程序空白样品。空白中目标化合物浓度应小于下列条件的最大值： (1) 方法检出限； (2) 相关环保标准限值的 5 %； (3) 样品分析结果的 5 %。 若空白试验未满足以上要求，则应采取措施排除污染并重新分析同批样品。
		HJ 620—2011	10.1 空白样品 每分析一批（20 个）样品至少做一个实验室空白，空白试验结果应低于 2 倍的方法检出限
		HJ 605—2011	11.4.1 空白试验分析结果应满足如下任一条件的最大者： （1）目标物浓度小于方法检出限； （2）目标物浓度小于相关环保标准限值的 5%； （3）目标物浓度小于样品分析结果的 5%。 若空白试验未满足以上要求，则应采取措施排除污染并重新分析同批样品。当分析空白试验样品时发现苯和苯乙烯出现异常高值，表明 Tenax 可能变质失效，需进行确认，必要时需更换捕集管。

续表

序号	相关问题编号	涉及标准规范	具体条文
20	48	HJ 605—2011	11.4.2 每批样品应至少采集一个运输空白和一个全程序空白样品。若怀疑样品受到污染，则需分析该空白样品，其测定结果应满足空白试验的控制指标，否则需查找原因，采取措施排除污染后重新采集样品分析
21	49	HJ 703—2014	6.2.3 净化 将提取液转入分液漏斗中，加入 2 倍于提取液体积的水，用 NaOH 溶液调节至 pH > 12，充分振荡、静置，弃去下层有机相，保留水相部分
		HJ 744—2015	6.2.1 净化 取水样 250 ml 于玻璃分液漏斗中，用氢氧化钠溶液调节水样至 pH ≥ 12，加入 25 ml 二氯甲烷 – 正己烷混合溶液，振荡萃取 5 min，弃去有机溶剂相，待进一步样品提取
22	50	HJ 744—2015	6.2.4 浓缩和更换溶剂 采用氮吹浓缩装置浓缩萃取液并更换溶剂，也可采用其他浓缩装置。氮吹浓缩及更换溶剂参考条件：氮吹浓缩仪设置温度 30℃，小流量氮气将提取液浓缩至 1.5~2.0 ml，用 5~10 ml 需更换的溶剂洗涤浓缩器管壁，再用小流量氮气浓缩至 0.5 ml，重复两次上述淋洗管壁和浓缩操作，最后用需更换的溶剂定容
		HJ 676—2013	7.2.3 浓缩 将脱水干燥后的萃取液转移至浓缩瓶，用浓缩装置在 45℃以下浓缩至 0.5~1.0 ml，加入二氯甲烷 / 乙酸乙酯混合溶剂 3.0 ml，再浓缩定容至 1.0 ml 待测
23	51	HJ 591—2010	1 适用范围 本标准规定了水中五氯酚和五氯酚盐的气相色谱测定方法。 本标准适用于地表水、地下水、海水、生活污水和工业废水中五氯酚和五氯酚盐的测定。 当样品体积为 100 ml 时，毛细管柱气相色谱法检出限为 0.01 μg/L，测定下限为 0.04 μg/L，测定上限为 5.00 μg/L；填充柱气相色谱法检出限为 0.02 μg/L，测定下限为 0.08 μg/L

续表

序号	相关问题编号	涉及标准规范	具体条文
23	51	HJ 676—2013	1 适用范围 本标准规定了测定水中酚类化合物的液液萃取 / 气相色谱法。 本标准适用于地表水、地下水、生活污水和工业废水中苯酚、3- 甲酚、2，4- 二甲酚、2- 氯酚、4- 氯酚、4- 氯 -3- 甲酚、2，4- 二氯酚、2，4，6- 三氯酚、五氯酚、2- 硝基酚、4- 硝基酚、2，4- 二硝基酚和 2- 甲基 -4，6- 二硝基酚 13 种酚类化合物的测定。 当取样体积为 500ml 时，五氯酚的方法检出限为 1.1 μg/L，测定下限为 4.4 μg/L
		HJ 744—2015	1 适用范围 本标准规定了测定水中酚类化合物的气相色谱 – 质谱法。 本标准适用于地表水、地下水、生活污水和工业废水中苯酚、2- 氯苯酚、4- 氯苯酚、五氯酚、2，4- 二氯苯酚、2，6- 二氯苯酚、2，4，6- 三氯苯酚、2，4，5- 三氯苯酚、2，3，4，6- 四氯苯酚、4- 硝基酚、2- 甲酚、3- 甲酚、4- 甲酚、2，4- 二甲酚 14 种酚类化合物的测定。 其他酚类化合物经过方法验证，也可采用本方法测定。 当取样体积为 250 ml、采用选择离子扫描模式时，14 种酚类化合物的方法检出限为 0.1~0.2 μg/L，测定下限为 0.4~0.8 μg/L
		HJ 1150—2020	1 适用范围 本标准规定了测定水中硝基酚类化合物的气相色谱 – 质谱法。 本标准适用于地表水、地下水、生活污水、工业废水和海水中 2- 硝基酚、3- 甲基 -2- 硝基酚、4- 甲基 -2- 硝基酚、5- 甲基 -2- 硝基酚、2，5- 二硝基酚、3- 硝基酚、2，4- 二硝基酚、4- 硝基酚、2，6- 二硝基酚、3- 甲基 -4- 硝基酚、6- 甲基 -2，4- 二硝基酚和 2，6- 二甲基 -4- 硝基酚 12 种硝基酚类化合物的测定。 当取样体积为 1 000 ml，试样定容体积为 1.0 ml 时，12 种硝基酚类化合物的方法检出限为 0.2 ~2 μg/L，测定下限为 0.8~8 μg/L

续表

序号	相关问题编号	涉及标准规范	具体条文
24	52	HJ 834—2017	1 适用范围 本标准规定了测定土壤和沉积物中半挥发性有机物的气相色谱－质谱法。 本方法适用于土壤和沉积物中氯代烃类、邻苯二甲酸酯类、亚硝胺类、醚类、卤醚类、酮类、苯胺类、吡啶类、喹啉类、硝基芳香烃类、酚类包括硝基酚类、有机氯农药类、多环芳烃类等半挥发性有机物的筛查鉴定和定量分析，对于特定类别的化合物，应在此筛选基础上选用专属的分析方法测定。 6.3.2 提取 提取方法可选择索氏提取、加压流体萃取及其他等效萃取方法。 a）索氏提取：将制备好的土壤或沉积物样品全部转移入索氏提取套筒，加入校准曲线中间点以上浓度的替代物中间液，小心置于索氏提取器回流管中，在圆底溶剂瓶中加入 100 ml 二氯甲烷－丙酮混合溶剂，提取 16 ~18 h，回流速度控制在每小时 4~6 次。然后停止加热回流，取出圆底溶剂瓶，待浓缩。 b）加压流体萃取：按照 HJ 783 执行
		HJ 1210—2021	7.4.1 提取 称取 5 g（精确至 0.01 g）样品至离心管中，加入 1 g 五水合硫代硫酸钠，依次加入 50.0 μl 内标中间液、10.00 ml 正己烷－丙酮混合溶剂和 100 μl 氨水，密封后用旋涡混匀器混匀。超声提取 30 min（水槽中放置冰盒，确保水浴温度始终低于 25℃），6 000 r/min 离心 10 min，取上清液经亲水聚四氟乙烯针式滤器过滤，滤液待净化
25	53	HJ 1210—2021	7.4.2 净化 将 C_{18} 固相萃取小柱固定在固相萃取装置上。用 5 ml 二氯甲烷冲洗固相萃取小柱，再用 5 ml 甲醇平衡固相萃取小柱，待柱充满后关闭流速控制阀浸润 5 min，缓慢打开控制阀，弃去流出液。在溶剂流干之前，准确移取 2.00 ml 过滤后的样品提取液转入柱内，弃去流出液。在溶剂流干之前，关闭控制阀，加入 5 ml 甲醇，5 min 后缓慢打开控制阀，接收洗脱液至完全流出。 注：每批次新购买的固相萃取小柱，均需做空白检验，确定其不含影响测定的杂质干扰时方可使用

续表

<table>
<tr><th>序号</th><th>相关问题编号</th><th>涉及标准规范</th><th>具体条文</th></tr>
<tr><td rowspan="3">25</td><td rowspan="3">53</td><td>HJ 834—2017</td><td>6.3.4.2 层析柱净化
当分析目的只关注半挥发性有机物中的某一类化合物时，可采用含有不同吸附剂的层析柱进行净化。不同目标物推荐使用的净化方法见附表 2–1。其他方法验证效果优于或等效时也可使用
附表 2–1　目标分析物类别及适用净化方法<table><tr><th>目标化合物</th><th>氧化铝柱</th><th>硅酸镁柱</th><th>硅胶柱</th><th>凝胶渗透色谱</th></tr><tr><td>苯胺和苯胺衍生物</td><td></td><td>√</td><td></td><td></td></tr></table></td></tr>
<tr><td>HJ 822—2017</td><td>6.3.3 净化
将弗罗里（Florisil）硅土柱固定在固相萃取装置上，用 10 ml 正己烷平衡净化柱，在溶剂流干之前，将浓缩后的样品提取液转移至小柱上，用 3 ～ 4 ml 正己烷洗涤浓缩管，洗涤液一并上柱，先用 50 ml 二氯甲烷 / 正己烷（50/50，v/v）洗脱该柱，收集洗脱液 1；再用 50 ml 的异丙醇 / 正己烷（5/95，v/v）洗脱柱，收集洗脱液 2；最后用 50 ml 甲醇 / 正己烷（5/95，v/v）第三次洗脱柱，收集洗脱液 3。
注 2：净化时洗脱流速应控制在约 5 ml/min；对于较为清洁的地表水、地下水、海水、生活污水以及背景干扰低的工业废水可忽略净化步骤</td></tr>
<tr><td>HJ 1048—2019</td><td>7.2.2 固相萃取法
将混合型阳离子交换固相萃取柱固定在固相萃取装置上，依次用 10 ml 甲醇和 10 ml 水活化，保证小柱柱头浸润。量取 100 ml 样品，加入 20.0 μl 替代物使用液，以不大于 3 ml/min 的流速通过小柱。样品体积可根据实际情况适当减少。依次用 5 ml 乙酸溶液和 4 ml 甲醇溶液淋洗小柱。然后用氮气吹扫或用固相萃取装置的真空泵干燥小柱 10 min，去除小柱中的残留水分。再用 7.0 ml 氨水甲醇溶液洗脱小柱，洗脱液接收于收集管中。洗脱液经浓缩装置在 50℃浓缩至略低于 1 ml，用水定容至 1.0 ml。准确移取 500 μl 浓缩液，用水定容至 1.0 ml（试样体积 v_1 应记为 2.0 ml），加入 10.0 μl 内标使用液，混匀后置于棕色进样瓶中，待测</td></tr>
</table>

续表

序号	相关问题编号	涉及标准规范	具体条文
26	54	HJ 1210—2021	3 方法原理 土壤或沉积物中的苯胺类和联苯胺类化合物，经提取、净化、浓缩、定容后，用液相色谱 – 三重四极杆质谱仪分离检测。根据保留时间和特征离子定性，内标法定量
		HJ 834—2017	3 方法原理 土壤或沉积物中半挥发性有机物采用适合的萃取方法（索氏提取、加压流体萃取等）提取，根据样品基体干扰情况选择合适的净化方法（凝胶渗透色谱或柱净化）对提取液净化、浓缩、定容，经气相色谱分离、质谱检测。根据保留时间、碎片离子质荷比及其丰度定性，内标法定量
		HJ 822—2017	3 方法原理 水样中苯胺类化合物在 pH ≥ 11 条件下以二氯甲烷萃取，萃取液经脱水、浓缩、净化后，用气相色谱 质谱仪测定。依据目标化合物的保留时间和标准质谱图或特征离子定性，用内标法定量
		HJ 1048—2019	3 方法原理 样品经过滤后直接进样或经阳离子交换固相萃取柱富集和净化后进样，用液相色谱三重四极杆质谱分离检测苯胺类化合物。根据保留时间和特征离子定性，内标法定量
27	55	HJ 784—2016	6.3.4 净化 6.3.4.1 硅胶层析柱净化 （1）硅胶柱制备 在玻璃层析柱的底部加入玻璃棉，加入 10 mm 厚的无水硫酸钠，用少量二氯甲烷进行冲洗。玻璃层析柱上置一玻璃漏斗，加入二氯甲烷直至充满层析柱，漏斗内存留部分二氯甲烷，称取约 10 g 硅胶经漏斗加入层析柱，以玻璃棒轻敲层析柱，除去气泡，使硅胶填实。放出二氯甲烷，在层析柱上部加入 10 mm 厚的无水硫酸钠。

续表

序号	相关问题编号	涉及标准规范	具体条文
27	55	HJ 784—2016	（2）净化 用 40 ml 正己烷预洗脱层析柱，洗脱速度控制在 2 ml/min，在顶端无水硫酸钠暴露于空气之前，关闭层析柱底端聚四氟乙烯活塞，弃去流出液。将浓缩后的约 1 ml 提取液移入层析柱，用 2 ml 正己烷分 3 次洗涤浓缩器皿，洗液全部移入层析柱，在顶端无水硫酸钠曝露于空气之前，加入 25 ml 正己烷继续洗脱，弃去流出液。用 25 ml 二氯甲烷 – 正己烷混合溶液（*v*/*v*，2/3）洗脱，洗脱液收集于浓缩器皿中，用氮吹浓缩法（或其他浓缩方式）将洗脱液浓缩至约 1 ml，加入约 3 ml 乙腈，再浓缩至 1 ml 以下，将溶剂完全转换为乙腈，并准确定容至 1.0 ml 待测。净化后的待测试样如不能及时分析，应于 4℃下冷藏、避光、密封保存，30 d 内完成分析。 6.3.4.2 固相萃取柱净化（填料为硅胶或硅酸镁） 用固相萃取柱作为净化柱，将其固定在固相萃取装置上。用 4 ml 二氯甲烷冲洗净化柱，再用 10 ml 正己烷平衡净化柱，待柱充满后关闭流速控制阀浸润 5 min，打开控制阀，弃去流出液。在溶剂流干之前，将浓缩后的约 1 ml 提取液移入柱内，用 3 ml 正己烷分 3 次洗涤浓缩器皿，洗液全部移入柱内，用 10 ml 二氯甲烷 – 正己烷混合溶液（*v*/*v*，1/1）进行洗脱，待洗脱液浸满净化柱后关闭流速控制阀，浸润 5 min，再打开控制阀，接收洗脱液至完全流出。用氮吹浓缩法（或其他浓缩方式）将洗脱液浓缩至约 1 ml，加入约 3 ml 乙腈，再浓缩至 1 ml 以下，将溶剂完全转换为乙腈，并准确定容至 1.0 ml 待测。净化后的待测试样如不能及时分析，应于 4℃下冷藏、避光、密封保存，30 d 内完成分析 6.3.5.1 硅胶层析柱净化 （1）硅胶层析柱制备 在玻璃层析柱底部填入玻璃棉，依次加入约 1.5 cm 厚的无水硫酸钠和 10 g 硅胶吸附剂，轻敲层析柱壁，使硅胶吸附剂填充均匀。在硅胶吸附剂上端加入约 1.5 cm 厚的无水硫酸钠。加入适量二氯甲烷洗脱，轻敲层析柱壁，赶出气泡，使硅胶填实，保持填料充满二氯甲烷，关闭活塞，浸泡填料至少 10 min，放出二氯甲烷，继续慢慢加入正己烷 30 ~ 60 ml 洗脱，当上端无水硫酸钠层恰好暴露于空气之前，关闭活塞待用。

续表

序号	相关问题编号	涉及标准规范	具体条文
27	55	HJ 805—2016	（2）净化 用 40 ml 戊烷预洗脱制备好的硅胶层析柱，洗脱速度控制在 2 ml/min，在上端无水硫酸钠或脱硫铜粉层暴露于空气之前，关闭层析柱活塞，弃去洗脱液。将浓缩后的提取液转至硅胶层析柱，用 2 ml 环己烷分 3 次清洗浓缩器，全部移入层析柱（若须脱硫，应将此溶液浸没在铜粉中约 5 min），打开活塞，缓缓加入 25 ml 戊烷洗脱，弃去此部分戊烷洗脱液。另用 25 ml 二氯甲烷－戊烷混合溶剂（*v/v*，2/3）洗脱，并全部收集此洗脱液，待再次浓缩。 6.3.5.2 硅酸镁净化小柱 将硅酸镁净化小柱固定在固相萃取装置上，用 4 ml 二氯甲烷洗脱净化小柱，加入 5 ml 正己烷待柱充满后关闭流速控制阀浸润 5 min，缓慢打开控制阀，继续加入 5 ml 正己烷，在填料暴露于空气之前，关闭控制阀，弃去流出液。将浓缩后的提取液转移至小柱中，用 2 ml 正己烷分 3 次洗涤浓缩器皿，洗液全部转入小柱中（若须脱硫，应将此溶液浸没在铜粉中约 5 min）。缓慢打开控制阀，在填料或铜粉暴露于空气之前关闭控制阀，加入 5 ml 二氯甲烷－正己烷混合溶剂（*v/v*，1/9）进行洗脱，缓慢打开控制阀待洗脱液浸满净化柱后关闭控制阀，浸润 2 min，缓缓打开控制阀，继续加入 5 ml 二氯甲烷－正己烷混合溶剂（*v/v*，1/9），并收集全部洗脱液，待再次浓缩
		HJ 834—2017	6.3.4.2 层析柱净化 当分析目的只关注半挥发性有机物中的某一类化合物时，可采用含有不同吸附剂的层析柱进行净化。不同目标物推荐使用的净化方法见附表 2–2。其他方法验证效果优于或等效时也可使用 附表 2–2　目标分析物类别及适用净化方法 目标化合物：多环芳烃类；氧化铝柱：√；硅酸镁柱：√；硅胶柱：√；凝胶渗透色谱：√

续表

<table>
<tr><th>序号</th><th>相关问题编号</th><th>涉及标准规范</th><th>具体条文</th></tr>
<tr><td>28</td><td>56</td><td>HJ 784—2016</td><td>7 分析步骤
7.1 仪器参考条件
进样量：10 μl。柱温：35 ℃。流速：1.0 ml/min。流动相 A：乙腈；流动相 B：水。检测波长：根据不同待测物的出峰时间选择其紫外检测波长、最佳激发波长和最佳发射波长，编制波长变换程序

附表 2-3　梯度洗脱程序
<table>
<tr><th>时间 /min</th><th>A/%</th><th>B/%</th></tr>
<tr><td>0</td><td>60</td><td>40</td></tr>
<tr><td>8</td><td>60</td><td>40</td></tr>
<tr><td>18</td><td>100</td><td>0</td></tr>
<tr><td>28</td><td>100</td><td>0</td></tr>
<tr><td>28.5</td><td>60</td><td>40</td></tr>
<tr><td>35</td><td>60</td><td>40</td></tr>
</table>

附表 2-4　目标物对应的紫外检测波长和荧光检测波长
<table>
<tr><th>序号</th><th>组分名称</th><th>最大紫外吸收波长 /nm</th><th>推荐紫外吸收波长 /nm</th><th>最大紫外吸收波长 /nm</th><th>推荐紫外吸收波长 /nm</th></tr>
<tr><td>1</td><td>萘</td><td>220</td><td>220</td><td>280/324</td><td>280/324</td></tr>
<tr><td>2</td><td>苊烯</td><td>229</td><td>230</td><td>—</td><td>—</td></tr>
</table>
</td></tr>
</table>

续表

<table>
<tr><th>序号</th><th>相关问题编号</th><th>涉及标准规范</th><th>具体条文</th></tr>
<tr><td>28</td><td>56</td><td>HJ 784—2016</td><td>
续表
<table>
<tr><td>3</td><td>苊</td><td>261</td><td>254</td><td>280/324</td><td>268/308</td></tr>
<tr><td>4</td><td>芴</td><td>229</td><td>254</td><td>280/324</td><td>280/324</td></tr>
<tr><td>5</td><td>菲</td><td>251</td><td>254</td><td>254/350</td><td>292/366</td></tr>
<tr><td>6</td><td>蒽</td><td>252</td><td>254</td><td>254/400</td><td>253/402</td></tr>
<tr><td>7</td><td>荧蒽</td><td>236</td><td>230</td><td>290/460</td><td>360/460</td></tr>
<tr><td>8</td><td>芘</td><td>240</td><td>230</td><td>336/376</td><td>336/376</td></tr>
<tr><td>9</td><td>苯并 [a] 蒽</td><td>287</td><td>290</td><td>275/385</td><td>288/390</td></tr>
<tr><td>10</td><td>䓛</td><td>267</td><td>254</td><td>275/385</td><td>268/383</td></tr>
<tr><td>11</td><td>苯并 [b] 荧蒽</td><td>256</td><td>254</td><td>305/430</td><td>300/436</td></tr>
<tr><td>12</td><td>苯并 [k] 荧蒽</td><td>307、240</td><td>290</td><td>305/430</td><td>308/414</td></tr>
<tr><td>13</td><td>苯并 [a] 芘</td><td>296</td><td>290</td><td>305/430</td><td>296/408</td></tr>
<tr><td>14</td><td>二苯并 [a, h] 蒽</td><td>297</td><td>290</td><td>305/430</td><td>297/398</td></tr>
<tr><td>15</td><td>苯并 [g, h, i] 苝</td><td>210</td><td>220</td><td>305/430</td><td>300/410</td></tr>
<tr><td>16</td><td>茚并 [1, 2, 3, ···, c, d] 芘</td><td>250</td><td>254</td><td>305/430</td><td>302/506</td></tr>
<tr><td colspan="6">注：荧光检测器不适用于苊烯和十氯联苯的测定。</td></tr>
</table>
</td></tr>
</table>

续表

序号	相关问题编号	涉及标准规范	具体条文
28	56	HJ 805—2016	7 分析步骤 7.1 仪器参考条件 7.1.1 气相色谱参考条件 进样口温度：280℃，不分流，或分流进样（样品浓度较高或仪器灵敏度足够时）；进样量：1.0 μl，柱流量：1.0 ml/min（恒流）；柱温：80℃保持 2 min；以 20 ℃/min 速率升至 180℃，保持 5 min；再以 10 ℃/min 速率升至 290℃，保持 5 min。 7.1.2 质谱参考条件 电子轰击源（EI）；离子源温度：230 ℃；离子化能量：70 eV；接口温度：280 ℃；四极杆温度：150 ℃；质量扫描范围：45~450 amu；溶剂延迟时间：5 min；扫描模式：全扫描 Scan 或选择离子模式（SIM）模式
		HJ 834—2017	7 分析步骤 7.1 仪器参考条件 7.1.1 气相色谱参考条件 进样口温度：280 ℃，不分流；进样量：1.0 μl；柱流量：1.0 ml/min（恒流）；柱温：35 ℃开始保持 2 min，以 15 ℃/min 升温至 150 ℃，保持 5 min，以 3 ℃/min 升温至 290 ℃，保持 2.0 min。注：保持到最后一个目标物苯并 [g, h, i] 苝出峰后。 7.1.2 质谱参考条件 电子轰击源（EI）；离子源温度：230 ℃；离子化能量：70 eV；接口温度：280 ℃；四极杆温度：150 ℃；质量扫描范围：35~450 amu；溶剂延迟时间：5 min。数据采集方式：全扫描 [Scan] 或选择离子模式（SIM）模式
29	57	HJ 834—2017	3 方法原理 土壤或沉积物中半挥发性有机物采用适合的萃取方法（索氏提取、加压流体萃取等）提取，根据样品基体干扰情况选择合适的净化方法（凝胶渗透色谱或柱净化）对提取液净化、浓缩、定容，经气相色谱分离、质谱检测。根据保留时间、碎片离子质荷比及其丰度定性，内标法定量。 B.1.5 制备净化柱，将 10~20 g 活化的硅酸镁放入玻璃层析柱中，轻敲柱子以填实硅酸镁填料，并加入大约 5 mm 的干燥剂至柱顶部，待用。

续表

序号	相关问题编号	涉及标准规范	具体条文
29	57	HJ 834—2017	B.1.6 邻苯二甲酸酯类的净化 B.1.6.1 在净化之前，将样品提取液浓缩至 2 ml，并将提取液溶剂转换为正己烷，然后再次浓缩至 1 ml。 B.1.6.2 用 40~60 ml 正己烷预淋洗净化柱。洗脱速度大约为 2 ml/min。弃去这部分洗脱液，在柱顶端加入约 2 g 铜粉，再加入 10 ml 正己烷至刚好浸没铜粉时关闭活塞。定量转移 2 ml 样品提取液至柱上，再用 2 ml 正己烷清洗并完成转移，打开活塞，当铜粉层刚要暴露于空气之前，加 40 ml 正己烷并继续洗脱柱子，弃去此正己烷洗脱液。用 100 ml 乙醚 – 正己烷混合溶剂洗脱柱子，收集全部流出液，所洗脱的化合物有：①邻苯二甲酸二（2– 乙基己基）酯；②邻苯二甲酸丁基苄基酯；邻苯二甲酸二正丁酯；③邻苯二甲酸二乙酯；④邻苯二甲酸二甲酯；⑤邻苯二甲酸二正辛酯。浓缩至 1 ml，待用
30	58	HJ 1184—2021	4 方法原理 土壤和沉积物中的邻苯二甲酸酯类化合物经乙酸乙酯提取，用气相色谱分离、质谱检测。根据保留时间、碎片离子质荷比及其丰度定性，内标法定量。 8.2 样品的制备 将样品放在洁净的铺有铝箔的搪瓷盘或不锈钢盘中，除去样品中的异物（石子、叶片等），混匀样品。按照 HJ/T 166 的要求进行样品缩分。可采用干燥剂法或冷冻干燥法 2 种干燥方式脱水干燥。 方法一：干燥剂法。称取 10 g（精确到 0.01 g）新鲜样品，加入适量无水硫酸钠，研磨均化成流沙状，全部转移至锥形瓶中待用。 方法二：冷冻干燥法。称取适量样品，放入真空冷冻干燥仪中进行干燥脱水。干燥后的样品直接研磨、过筛。然后称取 10 g（精确到 0.01 g）样品，全部转移至锥形瓶中待用。

续表

序号	相关问题编号	涉及标准规范	具体条文
30	58	HJ 1184—2021	8.4.1 提取 将样品全部转移至锥形瓶中，加入 100~200 μl 替代物使用液，再加入 20.0 ml 乙酸乙酯，放置 30 min。设置水平振荡器振荡频率为 150 r/min，振幅为 20 mm，提取 20 min。提取完成后将溶液全部转移至离心管，将离心管移至离心机，设置转速 2 000 r/min，离心 3 min。移取上清液 1.0 ml 至进样瓶中，用进样针移取 5.0 μl 内标使用液加入样品瓶中，混匀后，待测。如需净化，取全部提取液，待净化。 注 1：提取方法亦可选择水平振荡提取以外的其他等效提取方法。 注 2：提取液保存时间不超过 7 d
		HJ/T 72—2001	4.3 样品的预处理 将 100 ml 水样全部置于 250 ml 分液漏斗中，取 10 ml 正己烷，冲洗采样瓶后，倒入分液漏斗中，手工振摇 5 min（注意放气！）静置 30 min。先将水相放入一干净的烧杯中，再将有机相通过上面装有烘过的污水硫酸钠漏斗，接至浓缩瓶中。将水相倒回分液漏斗中，以同样步骤再萃取一次，弃去水相，有机相通过原装有无水硫酸钠的漏斗仍接到装有第一次萃取液的浓缩瓶中，再用少量正己烷洗涤分液漏斗和无水硫酸钠，接至原浓缩瓶内，在 70~80℃水浴下浓缩至 1 ml 以下，定容至 1 ml，备色谱分析用
		HJ 890—2017	1 适用范围 本标准规定了测定土壤和沉积物中多氯联苯混合物的气相色谱法。 本标准适用于土壤和沉积物中 PCB1221、PCB1242、PCB1248、PCB1254 和 PCB1260 共 5 种多氯联苯工业品的测定，其他多氯联苯工业品若通过验证也可用本方法测定。 当取样量为 5 g，定容体积为 1.0 ml 时，本方法测定 5 种多氯联苯工业品的检出限为 5 μg/kg，测定下限为 20 μg/kg。 4 方法原理 土壤和沉积物样品中的多氯联苯用有机溶剂提取，提取液经浓硫酸、硅胶柱净化，浓缩定容后用气相色谱分离，电子捕获检测器检测。通过样品色谱峰的保留时间和峰形与标准样品进行比对定性，选择 5~10 个特征识别峰，用外标法定量

续表

序号	相关问题编号	涉及标准规范	具体条文
30	58	HJ 743—2015	1 适用范围 本标准规定了测定土壤和沉积物中多氯联苯的气相色谱－质谱法。 本标准适用于土壤和沉积物中 7 种指示性多氯联苯和 12 种共平面多氯联苯的测定。其他多氯联苯如果通过验证也可用本方法测定。 当取样量为 10.0 g、采用选择的离子扫描模式时，多氯联苯的方法检出限为 0.4~0.6 μg/kg，测定下限为 1.6~2.4 μg/kg。 3 术语和定义 3.1 指示性多氯联苯 indicator PCBs 指作为多氯联苯污染状况进行替代监测的多氯联苯。 3.2 共平面多氯联苯 coplanar PCBs 指多氯联苯中非邻位或单邻位取代的多氯联苯，与二噁英有类似的毒性。
		HJ 743—2015	4 方法原理 采用合适的萃取方法（微波萃取、超声波萃取等）提取土壤或沉积物中的多氯联苯，根据样品基体干扰情况选择合适的净化方法（浓硫酸磺化、铜粉脱硫、弗罗里硅土柱、硅胶柱等凝胶渗透净化小柱），对提取液净化、浓缩、定容后，用气相色谱－质谱仪分离、检测，内标法定量 1 适用范围 本标准规定了测定土壤和沉积物中多氯联苯的气相色谱法。 本标准适用于土壤和沉积物中 7 种指示性多氯联苯和 12 种共平面多氯联苯的测定。其他多氯联苯如果通过验证，也可采用本标准测定。 当取样量为 10.0 g 时，多氯联苯的方法检出限为 0.03~0.07 μg/kg，测定下限为 0.12~0.28 μg/kg。

续表

序号	相关问题编号	涉及标准规范	具体条文
30	58	HJ 922—2017	3 术语和定义 3.1 指示性多氯联苯 indicator PCBs 指作为多氯联苯（PCBs）污染状况进行替代监测的多氯联苯，包括 2, 4, 4’－三氯联苯（PCB28）、2, 2’, 5, 5’－四氯联苯（PCB52）、2, 2’, 4, 5, 5’－五氯联苯（PCB101）、2, 3’, 4, 4’, 5– 五氯联苯（ PCB118）、2, 2’, 3, 4, 4’, 5’－六氯联苯（PCB138）、2, 2’, 4, 4’, 5, 5’－六氯联苯（ PCB153 ）、2, 2’, 3, 4, 4’, 5, 5’－七氯联苯（PCB180）7 种化合物。 3.2 共平面多氯联苯 coplanar PCBs 指多氯联苯（PCBs）中非邻位或单邻位取代的多氯联苯，其毒性与二噁英类似，包括 3, 3’, 4, 4’－四氯联苯（PCB77）、3, 4, 4’, 5– 四氯联苯（PCB81）、2, 3, 3’, 4, 4’－五氯联苯（PCB105）、2, 3, 4, 4’, 5– 五氯联苯（PCB114）、2, 3’, 4, 4’, 5– 五氯联苯（PCB118）、2’, 3, 4, 4’, 5– 五氯联苯（PCB123）、3, 3’, 4, 4’, 5– 五氯联苯（PCB126）、2, 3, 3’, 4, 4’, 5– 六氯联苯（PCB156）、2, 3, 3’, 4, 4’, 5’－六氯联苯（PCB157）、2, 3’, 4, 4’, 5, 5’－六氯联苯（PCB167）、3, 3’, 4, 4’, 5, 5’－六氯联苯（PCB169）、2, 3, 3’, 4, 4’, 5, 5’－七氯联苯（PCB189）12 种化合物。其中 2, 3’, 4, 4’, 5– 五氯联苯（PCB118）也是指示性多氯联苯。 4 方法原理 土壤或沉积物中的多氯联苯（PCBs）经提取、净化、浓缩、定容后，用具电子捕获检测器的气相色谱检测。根据保留时间定性，外标法定量
31	59	HJ 168—2020	5.5 实验室内方法特性指标确认 5.5.1 方法的特性指标包括检出限、测定范围（测定下限、测定上限）、准确度（精密度、正确度）等。 5.5.2 环境监测分析方法分为定量方法和定性方法，各类型方法应确认的特性指标见附表 2–5。

续表

<table>
<tr><th>序号</th><th>相关问题编号</th><th>涉及标准规范</th><th>具体条文</th></tr>
<tr><td rowspan="2">31</td><td rowspan="2">59</td><td>HJ 168—2020</td><td>附表 2-5　环境监测分析方法确认特性指标
<table>
<tr><th colspan="2">特性指标</th><th>定量方法</th><th>定性方法</th></tr>
<tr><td colspan="2">检出限</td><td>√</td><td>△</td></tr>
<tr><td rowspan="2">测定范围</td><td>测定下限</td><td>√</td><td>—</td></tr>
<tr><td>测定上限</td><td>△</td><td>—</td></tr>
<tr><td rowspan="2">准确度</td><td>精密度</td><td>√</td><td>△</td></tr>
<tr><td>正确度</td><td>△</td><td>—</td></tr>
<tr><td colspan="2">不确定度</td><td>△</td><td>—</td></tr>
<tr><td colspan="4">注：√表示正常情况下应确认的特征指标；—表示正常情况不需要确认的特征指标；△表示有条件时宜确认的特征指标。</td></tr>
</table>
5.5.3 测定下限应尽可能满足生态环境质量标准、生态环境风险管控标准、污染物排放标准、国际履约等生态环境管理工作中对目标物的最低限值浓度（含量）水平的测定要求。
5.5.4 在不具备获得方法的准确度（精密度、正确度）条件时，可采用比对等方式说明方法的可靠性</td></tr>
<tr><td>GB/T 27417—2017</td><td>3.1 方法确认
实验室通过试验，提供客观有效证据证明特定检测方法满足预期的用途。
注 1：方法确认宜建立方法的性能特性和使用的限制条件，并识别影响方法性能的因素及影响程度，确定方法所适用的基质，以及方法的正确度和精密度。
注 2：改自 ISO/IEC 指南 99：2007，定义 2.45 。
3.2 方法验证
实验室通过核查，提供客观有效证据证明满足检测方法规定的要求。
注：改自 ISO/IEC 指南 99：2007，定义 2.44 。
3.3 实验室内方法确认
在一个实验室内，在合理的时间间隔内，用一种方法在预定条件下对相同或不同样品进行的分析试验，以证明特定检测方法满足预期的用途。</td></tr>
</table>

续表

序号	相关问题编号	涉及标准规范	具体条文
31	59	GB/T 27417—2017	4 方法确认要求 4. 1 总则 实验室应对非标准方法、实验室制定的方法、超出其预定范围使用的标准方法、扩充和修改过的标准方法的确认制定程序。对于确认过的方法，实验室应制定作业指导书。 4.2 确认方法的特性参数 实验室可在综合考虑成本、风险和技术可行性基础上，并根据预期的用途来进行方法确认。实验室进行方法确认的内容应完整，包括但不限于以下方法特性： a) 方法的选择性；b) 方法适用范围；c) 检出限和 / 或定量限；d) 测量范围和 / 或线性范围；e) 精密度（重复性和 / 或再现性）；f) 稳健度；g) 正确度；h) 准确度（注：测量结果的准确度由正确度和精密度两个指标进行表征）；i) 灵敏度；j) 结果的测量不确定度 6 方法验证要求 6. 1 总则 6. 1. 1 在化学分析实验室引入标准方法时，实验室应根据 6.2 和 6.3 所述，验证操作该方法是否满足标准的要求，即证实该方法能在该实验室现有的设施设备、人员、环境等条件下获得令人满意的结果，必要时可参加能力验证或进行实验室间比对。 6.1.2 如果只是对标准方法稍加修改，如使用不同制造商的同类设备或试剂等，必要时也应进行验证，以证明能够获得满意的结果，并将其修改内容制订成作业指导文件。 6.2 定量分析 方法验证过程中关键的参数应取决于方法的特性和可能测到的样品基质的检测范围，至少应测定正确度和精密度。对于痕量化学分析实验室，实验室还应确保获得适当的 LOD 和 LQD

续表

<table>
<tr><th>序号</th><th>相关问题编号</th><th>涉及标准规范</th><th>具体条文</th></tr>
<tr><td>32</td><td>69</td><td>HJ/T 166—2004</td><td>7 样品流转
7.1 装运前核对
在采样现场样品必须逐件与样品登记表、样品标签和采样记录进行核对，核对无误后分类装箱。
7.2 运输中防损
运输过程中严防样品的损失、混淆和玷污。对光敏感的样品应有避光外包装。
7.3 样品交接
由专人将土壤样品送到实验室，送样者和接样者双方同时清点核实样品，并在样品交接单上签字确认，样品交接单由双方各存一份备查。
9 样品保存
按样品名称、编号和粒径分类保存。
9.1 新鲜样品的保存
对于易分解或易挥发等不稳定组分的样品要采取低温保存的运输方法，并尽快送到实验室分析测试。测试项目需要新鲜样品的土样，采集后用可密封的聚乙烯或玻璃容器在 4℃以下避光保存，样品要充满容器。避免用含有待测组分或对测试有干扰的材料制成的容器盛装保存样品，测定有机污染物用的土壤样品要选用玻璃容器保存。具体保存条件见附表 2-6。
附表 2-6　新鲜样品的保存条件和保存时间
<table>
<tr><th>测试项目</th><th>容器材质</th><th>温度 /°C</th><th>可保存时间 /d</th><th>备注</th></tr>
<tr><td>金属（汞和六价铬除外）</td><td>聚乙烯、玻璃</td><td>＜4</td><td>180</td><td></td></tr>
<tr><td>汞</td><td>玻璃</td><td>＜4</td><td>28</td><td></td></tr>
<tr><td>砷</td><td>聚乙烯、玻璃</td><td>＜4</td><td>180</td><td></td></tr>
<tr><td>六价铬</td><td>聚乙烯、玻璃</td><td>＜4</td><td>1</td><td></td></tr>
<tr><td>氰化物</td><td>聚乙烯、玻璃</td><td>＜4</td><td>2</td><td></td></tr>
<tr><td>挥发性有机物</td><td>玻璃（棕色）</td><td>＜4</td><td>7</td><td>采样瓶装满装实并密封</td></tr>
<tr><td>半挥发性有机物</td><td>玻璃（棕色）</td><td>＜4</td><td>10</td><td>采样瓶装满装实并密封</td></tr>
<tr><td>难挥发性有机物</td><td>玻璃（棕色）</td><td>＜4</td><td>14</td><td></td></tr>
</table></td></tr>
</table>

续表

序号	相关问题编号	涉及标准规范	具体条文
32	69	HJ/T 166—2004	9.2 预留样品 预留样品在样品库造册保存。 9.3 分析取用后的剩余样品 分析取用后的剩余样品，待测定全部完成数据报出后，也移交样品库保存。 9.4 保存时间 分析取用后的剩余样品一般保留半年，预留样品一般保留 2 年。特殊、珍稀、仲裁、有争议样品一般要永久保存。 新鲜土样保存时间见“9.1 新鲜样品的保存"。 9.5 样品库要求 保持干燥、通风、无阳光直射、无污染；要定期清理样品，防止霉变、鼠害及标签脱落。样品入库、领用和清理均需记录
		HJ 164—2020	7 样品保存与运输、交接与贮存 7.1 样品保存与运输 7.1.1 样品采集后应尽快运送实验室分析，并根据监测目的、监测项目和监测方法的要求，按附录 D 的要求在样品中加入保存剂。 7.1.2 样品运输过程中应避免日光照射，并置于 4℃冷藏箱中保存，气温异常偏高或偏低时还应采取适当保温措施。 7.1.3 水样装箱前应将水样容器内外盖盖紧，对装有水样的玻璃磨口瓶应用聚乙烯薄膜覆盖瓶口并用细绳将瓶塞与瓶颈系紧。 7.1.4 同一采样点的样品瓶尽量装在同一箱内，与采样记录或样品交接单逐件核对，检查所采水样是否已全部装箱。 7.1.5 装箱时应用泡沫塑料或波纹纸板垫底和间隔防震。 7.1.6 运输时应有押运人员，防止样品损坏或受沾污。 7.2 样品交接与贮存 7.2.1 样品送达实验室后，由样品管理员接收。

续表

序号	相关问题编号	涉及标准规范	具体条文
32	69	HJ 164—2020	7.2.2 样品管理员对样品进行符合性检查，包括样品包装、标识及外观是否完好：对照采样记录单检查样品名称、采样地点、样品数量、形态等是否一致：核对保存剂加入情况；样品是否冷藏，冷藏温度是否满足要求；样品是否有损坏或污染。 7.2.3 当样品有异常，或对样品是否适合测试有疑问时，样品管理员应及时向送样人员或采样人员询问，样品管理员应记录有关说明及处理意见，当明确样品有损坏或污染时须重新采样。 7.2.4 样品管理员确定样品符合样品交接条件后，进行样品登记，并由双方签字，样品交接登记表参见附录 E 表 E.2。 7.2.5 样品管理员负责保持样品贮存间清洁、通风、无腐蚀的环境，并对贮存环境条件加以维持和监控。
		HJ 164—2020	7.2.6 样品贮存间应有冷藏、防水、防盗和门禁措施，以保证样品的安全性。 7.2.7 样品流转过程中，除样品唯一性标识需转移和样品测试状态需标识外，任何人、任何时候都不得随意更改样品唯一性编号。分析原始记录应记录样品唯一性编号。 7.2.8 在实验室测试过程中由测试人员及时做好分样、移样的样品标识转移，并根据测试状态及时做好相应的标记。 7.2.9 地下水样品变化快、时效性强，监测后的样品均留样保存意义不大，但对于测试结果异常样品、应急监测和仲载监测样品，应按样品保存条件要求保留适当时间。留样样品应有留样标识
33	73	HJ 25.1	6.1.3.3 对于地下水，一般情况下应在调查地块附近选择清洁对照点。地下水采样点的布设应考虑地下水的流向、水力坡降、含水层渗透性、埋深和厚度等水文地质条件及污染源和污染物迁移转化等因素；对于地块内或临近区域内的现有地下水监测井，如果符合地下水环境监测技术规范，则可以作为地下水的取样点或对照点
		HJ 25.2	7.2.1 地下水采样时应依据地块的水文地质条件，结合调查获取的污染源及污染土壤特征，应利用最低的采样频次获得最有代表性的样品

续表

序号	相关问题编号	涉及标准规范	具体条文
34	87	《上海市建设用地土壤污染状况调查、风险评估、风险管控与修复方案编制、风险管控与修复效果评估工作的补充规定（试行）》	7 异常点位排查 同时满足以下条件的土壤超标点位，可以进行异常点位排查与处置：（1）孤立的点位；（2）极个别的点位；（3）单一类型的污染物超标；（4）充足的前期调查表明，超标的污染物非该地块特征污染物；（5）与紧邻周边其他点位污染物检测值存在较大差异。 异常点位排查方法：在疑似异常点位四个垂直轴向 1 m 范围内布设 4 个采样点，每个采样点位在超标样品所在深度及其相邻不同深度至少采集 3 个土壤样品。对上述排查的土壤样品中疑似异常的超标污染物进行检测分析。异常点位处置：如排查检测结果显示，各土壤样品中疑似异常的超标污染物均未超标，则可判定该超标土壤污染点位属于异常，不具代表性，相应的少量超标土壤应予以妥善处理处置，超出管制值作为固体废物处置的可参照危险废物予以安全处置
35	91	《土壤法》	第 2 条在中华人民共和国领域及管辖的其他海域从事土壤污染防治及相关活动，适用本法。 本法所称土壤污染，是指因人为因素导致某种物质进入陆地表层土壤，引起土壤化学、物理、生物等方面特性的改变，影响土壤功能和有效利用，危害公众健康或者破坏生态环境的现象

附录 3　常用仪器设备

序号	测试设备或方法	测试指标	功能特征	图片
1	污染场地多介质可视化监测仪	水位、LNAPL、DNAPL	地下水、土壤、底泥、非水相、异物等多介质可视化检测（彩色图片、视频）； 监测井质量控制（结构、堵塞）； 地下水污染性状（颜色、状态）； 直观判断是否有 LNAPL/DNAP 观测河道、池塘底泥现状、观测垃圾填埋场渗滤液井、量测水位	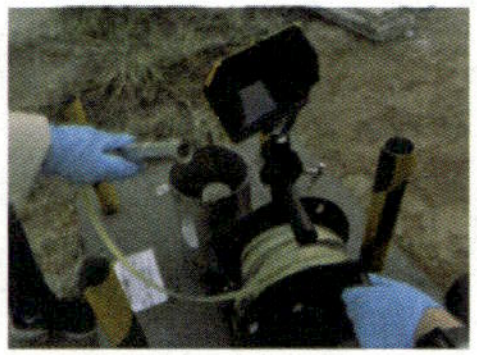
2	底泥采样器	底泥原状样品采集	高频率的轻便水下沉积物取样器，适用于水深 30 m 以内的滩涂、江、河、湖、海等水域水底致密沉积物（可用于纯砂、铁板砂和硬黏土等采样）柱状取样；原位采集柱状底泥样品	
3	水位在线监测	水位、流向、流势	定时采集、上传水位信息，可储存大量数据，支持远端设参、升级；在线监测水位信息，云端储存数据，直观判断水位、温度等信息	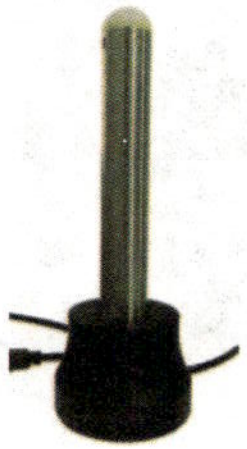

序号	测试设备或方法	测试指标	功能特征	图片
4	水位测尺	水位	直观查看水位信息	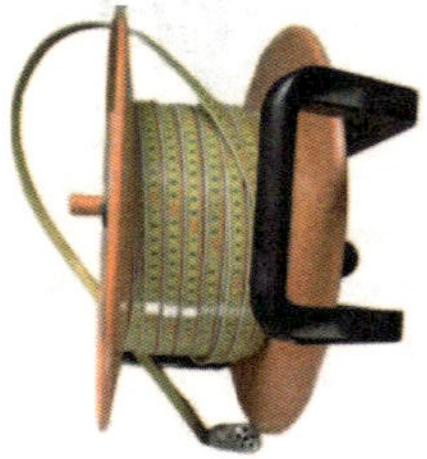
5	油水界面仪	油水界面	测量 LNAPL/DNAPL 等与水分界面	
6	土壤多参数快速检测	土壤含水量、温度、pH、有机质、硝态氮、速效磷、速效钾含量等	测试指标多，操作简便快捷，便于携带，直观显示土壤检测数据，配合传感器可快速检测多项土壤参数，数据实时显示储存，可查看历史采集数据信息	
7	无人船	测量河、湖、塘等底部构造	超声波原理，无线遥控精确测量水深、水底地形与异物等特点；无接触测量，形成水面下高精度地形图	

序号	测试设备或方法	测试指标	功能特征	图片
8	无人机	航拍图片、视频	全面了解地块及周边状况；快速、低成本地获取精确、可靠、及时的环境基础数据资料	
9	手持 GPS	移动定位、导航、测面积、多种数据采集	便于携带、数据分享、云端存储空间大；准确定位、高精度采集地理基础数据、可以进行数据格式准换	
10	光离子化测试仪（PID）	VOCs	测试简单，现场实时读数；仅能测试气体中 VOCs 的总量浓度，不能分辨具体污染物	
11	气相色谱（GC）	VOCs、SVOCs	检测限较低；数据精度高；测试周期较短；土壤、土壤气和地下水样品测试	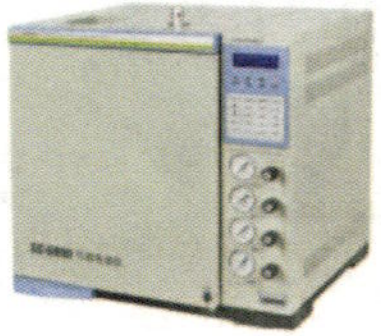

序号	测试设备或方法	测试指标	功能特征	图片
12	X 射线荧光（XRF）	重金属	钻孔废弃物较少；同时测量多种物质；基本不需要预处理；能够对样品进行无损测试；有效穿透厚度为 2 mm 以内；部分物质的检出限相对较高	
13	汞蒸气测试仪（MercuryVA）	汞	实时测试数据；测试周期较短；能够直接测试土壤汞蒸气浓度，辅助采样点位确定	
14	检测试纸	硝酸盐、亚硝酸盐等	测试简单，成本低；实时读数；分析快速高效	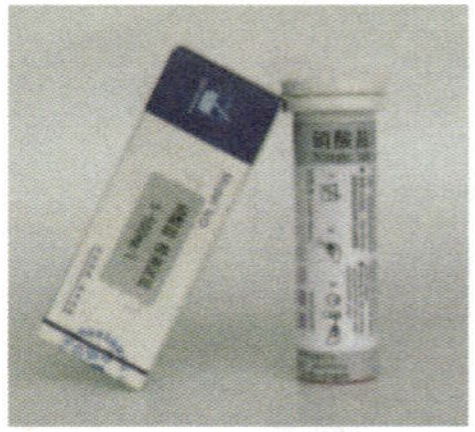
15	探地雷达（GPR）	可以快速获取地下地质特征和水文参数，并且可识别埋藏固体废物或容器、地下水水位埋深等	无须进行钻孔采样；可以辅助优化土壤钻孔位置；不会产生废弃土壤和废水等污染物；表层植物、高电导率土壤层会抑制信号传输；数据判读过程复杂，需丰富应用经验	

序号	测试设备或方法	测试指标	功能特征	图片
16	电子鼻（eNose）	挥发性有机物	可以定量测试每种污染物的浓度；能够实时监测；测试之前需要用标准物质进行标定	
17	酶联免疫试剂盒（ELISA）	PCBs、PAHs、苯、石油烃、农药等	结果重现性好；与实验室检测数据相关性较好；测试速度较快；对于泥炭等高有机质样品的萃取率较低；仅能识别 PAHs 等某类污染物的总量	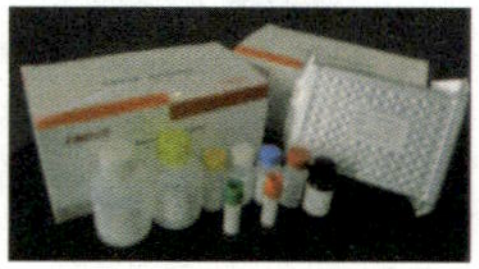
18	生物传感器（Biosensor）	生物酶、细胞、组织等	测试简单，成本低；实时读数	
19	土壤气采样	土壤中的 Vocs	长期、防堵塞、抗腐蚀	

序号	测试设备或方法	测试指标	功能特征	图片
20	气体测试仪	垃圾场填埋气	单机或在线测试甲烷、二氧化碳、硫化氢、一氧化碳、氧气等	
21	气体采样泵	气体恒流采样	可用作土壤气抽采集，流量稳定可调，直流供电，便携	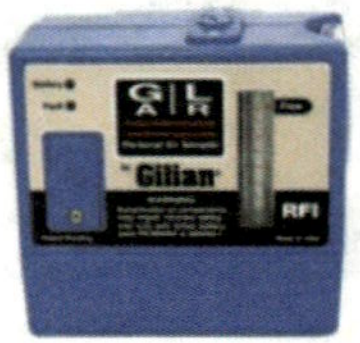
22	地下水样品采样器	地下水样品采集	采用通过压缩空气定时开关，对气囊泵腔体进行压缩和释放，从而使腔体内水样从泵体中推到地表，双单向阀设计，当压缩空气关闭时，水又会流入腔体	
23	水质多参数检测仪	溶解氧、pH、电导率、BOD、COD 等参数	多探头探测仪，适用于抽样检查，也适合长期监测	

附录 4　常用软件

序号	名称	介绍	补充说明
1	AutoCAD	AutoCAD 是一款绘图工具软件，可用于二维制图和基本三维设计。具有完善的图形绘制功能，可进行图形编辑、多种图形格式的转换，常用于土木建筑、工业制图、工程制图、电子工业、服装设计加工等领域	环境领域常应用 AutoCAD 进行工艺流程图、高程图、总平面图、设备布置图、管道布置图等的绘制；该软件可与其他软件联用进行多种类图的绘制
2	Surfer	Surfer 是一款具有强大插值功能和绘制图件能力的软件，是处理 XYZ 数据的首选软件，可用于制作基面图、数据点位图、分类数据图、等值线图、线框图、地形地貌图、趋势图、矢量图以及三维表面图等。该软件提供 11 种数据网格化方法，包含几乎所有流行的数据统计计算方法；提供各种流行图形图像文件格式的输入输出接口以及各大 GIS 软件文件格式的输入输出接口，方便文件和数据的交流和交换	可处理 grd 格式的数据文件绘制地下水流场等值线图，直观地给出地下水的分布情况，了解地下水位、地下水流向等；该软件兼容部分地理信息软件的数据格式，可与地理信息系统相结合，把部分地理信息叠加到图中，使图更加美观；该软件可将同一坐标的多个图形进行合并，使等值线图和底图合并
3	ArcGIS	ArcGIS 是一款用于绘制地图基础构架的地理信息软件，基于其强大及全面的地理数据编辑和管理功能，在很多行业都有应用，尤其是测绘行业。ArcGIS 凭借良好的输出性能与外界软件性能，具备强大的立体式输出功能；测量工作结束后，ArcGIS 内置模块可自动处理分析测量数据，自动绘制前期的测绘图，对测绘人员进行前期的判断和应用十分快捷有效	包含全球范围内的底图、地图数据、可配置的应用模板和开发人员使用的 GIS 工具，可用于创建 Web 地图、发布 GIS 服务、共享地图和应用程序；利用该软件可进行信息的输入和转换、数据的编辑储存和管理、数据的查询分析等。同时 ArcGIS 具有开放性，支持多种开发环境
4	Google earth	Google earth 是一款虚拟地球软件，将卫星照片、航空照相和 GIS 布置在一个地球的三维模型上，用户可快速浏览全球各地的高清晰度卫星图片，凭借其强大的搜索技术，用户可快速掌握全球地理信息	用户可直接在 Google earth 中输入目的地，将其放大；该软件提供地形和建筑物的 3D 视图，支持倾斜或旋转浏览视角；可以测量距离、高度等数据。部分功能需要付费使用

序号	名称	介绍	补充说明
5	奥维地图	奥维地图是一款卫星地图软件，具备卫星影像下载、业内数据处理、标记定位记录、语音导航等多种功能。该软件的可视化效果明显、定位精准、价格低廉、操作便捷，同时支持移动客户端的使用，能实现内业与外业工作的有效结合	奥维地图在土壤地球化学调查中应用较为广泛，应用包括利用卫星影像精准定位、进行前期数据准备、数据转化、外业调查、资料整理等
6	Modflow	Modflow 是一款三维的用于地下水流和溶质运移模拟评价的标准可视化专业软件。具有强大的图形可视化功能，允许用户直接圈定模型区域和剖分计算单元，方便为各剖分单元和边界条件赋值。该软件在环境保护、水资源利用管理、采矿等多个行业和部门得到应用	该系统由 Modflow（水流评价）、modpath（平面和剖面流线示踪分析）和 MT 3D（溶质运移评价）三大部分组成
7	元道经纬相机	元道经纬相机是一款带拍摄时间、地点等信息，真实的专业的现场拍照水印相机。该软件专注现场真实拍照，支持图片和视频拍摄实时 GPS 定位，自动添加地址、时间、经纬度、海拔、天气、logo 等水印，可用于代维巡检、现场取证、考勤打卡、日常生活记录等不同场景，帮助用户轻松记录工作生活	拍摄时实时添加水印，时间和地点不可更改；可实现多人照片管理，提高工作效率；拍摄完成后自动上传云空间，自动备份；可进行多维度数据统计，便于数据分析
8	地层绘制软件	常用的地层绘制软件有 ArcGIS、GeoMap、MapGIS 等。ArcGIS 介绍见上附录 4 中序号 2 一栏。GeoMap 整合了丰富的地址图形应用，可用于制作各种地质平面图（如结构图、地质图等）、剖面图（地质剖面图、岩性柱状图等）、工程平面图等。MapGIS 是一款可进行图形矢量化及编写的地理信息系统软件，可对数字、文字、地图遥感图像等多源地学数据进行有效采集、管理、综合剖析以及可视化表示	部分在线网站，提供了便捷的地层、监测井绘制工具：http://www.sinosite.com.cn/tools/report/